虚实融合视频地理环境
关键技术研究

赵向军　著

U0273408

东南大学出版社·南京

图书在版编目(CIP)数据

虚实融合视频地理环境关键技术研究 / 赵向军著.
-- 南京：东南大学出版社，2022.11
ISBN 978-7-5766-0365-1

Ⅰ.①虚… Ⅱ.①赵… Ⅲ.①地理信息系统-信息检
索-视频信号-信息融合-研究 Ⅳ.①P208.2

中国版本图书馆 CIP 数据核字(2022)第 232216 号

责任编辑：王　晶　责任校对：子雪莲　封面设计：毕　真　责任印制：周荣虎

虚实融合视频地理环境关键技术研究

著　　者	赵向军
出版发行	东南大学出版社
出版人	白云飞
社　　址	南京市四牌楼 2 号　邮编：210096
网　　址	http://www.seupress.com
电子邮件	press@ seupress.com
经　　销	全国各地新华书店
排　　版	南京私书坊文化传播有限公司
印　　刷	江苏凤凰数码印务有限公司
开　　本	880 mm×1230 mm　1/32
印　　张	4.375
字　　数	80 千
版　　次	2022 年 11 月第 1 版
印　　次	2022 年 11 月第 1 次印刷
书　　号	ISBN 978-7-5766-0365-1
定　　价	36.00 元

本社图书若有印装质量问题，请直接与营销部调换。电话(传真)：025-83791830

前　言

　　虚拟地理环境需要面对大量不规则的复杂自然物体,这使得传统的基于几何的建模和绘制方法遇到了巨大的挑战。鉴于地理视频等视觉信息易于直接从真实世界中获取,而计算机视觉技术又能够帮助从中提取和构建符合人类视觉感知规律的计算模型,可以有效弥补基于理想数学物理模型的传统图形处理技术的缺陷。基于上述研究背景,本书研究了如何从真实拍摄的地理视频数据中恢复出三维几何和运动信息并进行重用,促进了计算机视觉与虚拟地理环境的交叉融合。

目　录

1 绪论

1.1 研究背景

虚拟地理环境是由虚拟现实技术与地理科学交叉而成的地理信息科学前沿研究领域,虚拟地理环境与虚拟现实技术的发展密切相关,系统回顾和梳理虚拟现实的发展历程,可以预见虚拟地理环境研究未来新的生长点。1965 年,Ivan Sutherland 博士首次提出"虚拟现实"概念并对其进行了经典描述[1],由于受当时的硬件和技术条件限制,早期在虚拟现实技术领域开展研究探索的主要是以美国 NASA 机构的 Ames 研究中心为代表。随着计算技术的飞速发展和硬件成本的大幅度下降,众多科研院所广泛参与进来,虚拟现实系统及其相关技术得到了蓬勃发展。但是,毋庸讳言,今天的虚拟现实技术离真正意义上的"Reality"仍有较大的差距[1]。为了缩小这种差距,众多研究者围绕建模、绘制、动画等基础理论和方法,开展了大量的研究工作。研究者们从单纯的几何建模到尝试基于图像的建模,再到求助基于视频的建模,直至寄希望于虚实混合建模等方法;从单纯地再造虚拟世界的早期建模思路,转向与世界快照无缝融合的建模思路,这些理念和路径都蕴含着技术发展深刻的内在原因。归纳而言,从早期与视频分庭抗礼到与视频相混合,虚拟现实研究与实践始终处于螺旋式上升的态势。梳理发生这种转变的主因,可以被认为是视频计算的最新成果使得虚实混合成为可能。因而,从虚拟现实技术的发展趋势梳理中我们可以得到如下启发:是否可以探索一条以视点部分自由度为代价(混合场景的视点与视频摄像机的方位不能有大幅度偏离),来换取建模效率高、真实感效果好的虚拟地理环境构建新方法?

另一方面,视频作为现代社会最为常见的媒体之一,已经成为人们生活中不可缺少的元素,极大地参与和影响着人类的生产生活。地理视频是真实地理空间和环境的连续快照,蕴含着丰富的空间和属性信息,具有很强的真实感,且具有获取方便、载体丰富等优点。面向视频场景内容的视频计算技术的快速发展,尤其是视频场景的三维结构恢复、视频体的跟踪与编辑、视频的重光照、视频修复等技术的日趋成熟,为拓展视频应用和丰富虚拟地理环境研究带来了新的契机。

鉴于上述认识与分析,本研究采用不同于以往的以虚拟场景为主、视频场景为辅的建模方法,而是利用地理视频获取方便、表现多样等特点,借助视频计算技术的最新研究成果,以视频空间为主空间,尝试探索构建虚实融合的视频地理环境(Virtuality and Reality Fused Video Geographic Environments，VRFVGE)解决方案，旨在规避传统虚拟地理环境建模效率偏低、真实感偏弱等现实难题。同时，围绕 VRFVGE 在地理工程模拟中的应用展开研究，提炼 VRFVGE 的核心问题，构造 VRFVGE 的应用范式，解决 VRFVGE 的关键技术。总体而言，本研究在关注虚实融合视频地理环境原理框架构建的同时，还十分注重探索该类虚拟环境在地理学意义上的应用，这将为高度逼真的地理环境信息化平台建设提供相应的理论指导和技术支持。

1.2 相关工作介绍

1.2.1 虚拟地理环境的发展

虚拟地理环境作为真实地理环境在计算机中的一种抽象化、数字化的逼真表示，可以帮助人们探察汇集其中的与自然和人文相关的诸多信息，并为人与环境、要素之间的互动提供更多可能[2]。近年来，相关学者围绕虚拟地理环境可视化支撑平台、场景建模技术等研究点，开展了大量研究工作。例如，针对协同虚拟地理环境及其关键技术开展深入研究[3]；围绕网格虚拟地理环境原理框架进行探讨，并提出面向网格虚拟地理环境的资源调度新算法[4]等。此外，相关学者围绕地理场景建模的关键技术也展开了广泛研究，主要有提出虚拟地形的分形技术生成方法[5]，提出大规模海量地形数据的层次细节模型（Levels of Detail，LOD）并在实用系统中加以广泛采用[6]。还有研究者将研究切入点放置在草木等自然场景模拟中的重要组成要素上，指出最常见的建模方法有几何的LOD模型、Billboard及其变化类型[7]等。由此可见，虚拟地理环境作为真实地理环境的信息化模型，与生俱来就强调虚拟系统的可感知性和沉浸融入感。事实上，在几何、外观特别是物理、行为等方面，建立与现实环境相关要素保持高度一致的虚拟地理环境，才能彰显虚拟地理环境有别于虚拟现实系统和可视化系统的特色。为此，有研究者提出通过模型构建、参数与条件调控以及可视化分析反馈，在虚拟地理环境中开发虚拟相似性实验的新思路[8]。但是，虚拟地理实验涉及计算机图形图像学、高性能计算、计算机网络通信、地理信息科学、自然地理和人文地理学等大量相关学科，因此构建可信的地理环境信息化模型、过程演进平台和计算实验平台，尚需克服诸多技术难题。而三维几何的表达虽然为用户提供了虚拟空间直观交互的体验，但其真实性和处理效率却严重依赖于几何及其相关信息（纹理、光照、运动等）的建模与绘制技术。

鉴于现有技术存在的不足，虚拟地理环境作为真实地理环境的信息化模型，它的成功必将大幅提高人类认识世界和改造世界的能力。但是，虚拟地理环境的理论仍有待丰富，其关键技术还有待学者们深入研究。结合虚拟现实技术和 GIS 的最新研究进展，发展分门别类的虚拟地理环境，探索虚拟地理环境的多种解决方案，特别是深化视频技术在虚拟地理环境中的作用，进而探索其在地理科学和地理工程中的有效应用，是一件很有研究意义的工作。

1.2.2 地理信息系统技术

20 世纪 60 年代中期，为方便对国土资源与环境进行信息监测和管理，加拿大开始研究建立世界上第一个地理信息系统（CGIS）。自此以后，Arc/Info、MapInfo 和 GenAMap 等著名地理信息软件相继面世，数字地理信息逐渐走向标准化、工业化和商品化，各种通用和专用的地理空间分析模型也得到了深入研究和广泛使用，从而使 GIS 在城市建设、环境保护和社会发展等方面发挥的作用越来越大[9]。近年来，随着计算机技术的发展，人们已不再满足于原有的地理信息表示形式，于是，GIS 开始集成虚拟现实技术的三维真实感显示[10-11]。随着"数字地球"[12]概念的提出，特别是被业界广泛接受，以城市信息化建设为背景、以空间信息向全社会服务为目标的数字国土和数字城市研究成为了新的研究热点。其中，有研究者尝试分析和构建的地理空间信息共享平台体系结构引起了相关学者的关注[13]。除上述主流研究外，GIS 也在朝着多元化方向发展，如视频 GIS[14-15]因其表现多样、建模灵活而备受瞩目。部分学者较早在视频的声道中记录当前画面拍摄时间和视点位置数据,并提出了实际应用方案[16]。也有学者对 GIS 与视频影像的互操作进行了探讨,并介绍了其成功应用案例[17-18]。此外,有研究者还创造性地提出了"公路视频 GIS"思路,将公路地理信息与视频影像集成,实现了影像播放、地理位置、文字属性的同步显示和交互操作[15];系统阐述了视频 GIS 及其关键技术,构建了视频 GIS 技术框架体系[14]。

1.2.3　视频计算技术

近年来,视频计算技术得到了快速发展,逐渐从整体压缩、编码、传输、编辑的视频技术发展到面向内容的视频计算技术,如视频体的运动跟踪与编辑、视频画面的有依据缩放、视频的重光照、视频修复、视频纹理置换等,这些已经成为计算机视觉和视频图像处理领域的热门研究课题。基于内容的视频计算常常需要对视频场景三维结构部分加以重建。由于视频序列是以三维形式表示四维的信息,三维场景在视频世界里是信息不完整的侧面快照,因此,三维信息的恢复常常需要借助大量的先验知识才能完成,这既是视觉问题也是机器智能问题。此外,视频是由相关的图像序列构成的,其画面在时间维度上变化连续且遵循一定的变化规律。单帧图像的改变会诱发一系列图像的改变,其中不仅仅需要图像处理知识,还需要认知规律予以辅助。上述两个特点,导致视频计算在相关研究领域成为一项比较困难的课题。随着视觉计算和三维图形技术的发展,相关领域的研究出现了转机。从整体来看,视频计算中场景摄像机定标和三维信息的恢复、视频体的识别和跟踪、运动检测和运动分析,是重要的基础课题。下面,将对其关键技术进行介绍。

(1) 摄像机模型

摄像机自动定标最为常用的是基于结构和运动恢复(Structure and Motion Recovery, SMR)[19] 的定标方法,其中,提取特征和匹配视频序列是实现图像自动配准的一个重要环节。通常来说,操作者可选取封闭区域、边缘、线段交点、角点等[20]作为特征。目前,用于特征匹配的特征描述子和相似性度量标准有很多,如灰度相关、二值图像相关、链码相关、结构匹配、斜面匹配、不变矩之间的距离、动态规划和松弛法等等[21]。Koenderink 和 Lindeberg[22] 提出的基于局部不变量描述子(Local Invariant Descriptor)的 SIFT(Scale Invariant Feature Transform)方法,在目标识别和匹配方面表现不俗。Mikolajczyk 和 Schmid[23]针对不同的场景,围绕光照变化、图像几何变形、分辨率差异、旋转、模糊和图像压缩等6种情况,就多种最具代表性的描述子(如局部不变量描述子、矩不变量、互相关等10种描述子)进行了实验和性能比较,结果表明局部不变量描述子的性能最好。SIFT 算法步骤可描述为：首先，检测尺度空间极值点，在图像尺度空间 $L(x, y, \sigma)$，借助与高斯函数 G 的卷积：$L(x, y, \sigma) = G(x, y, \sigma) * I(x, y)$，建立图像的 DOG（Difference of Gaussian）金字塔，若像素空间中某点在 DOG 尺度空间本层以及上下两层的 26 个领域中是最大或最小值时，就认为该点是图像在该尺度下的一个特征点；其次，定义特征点处的梯度模值和方向公式；再次，将坐标轴旋转为关键点的梯度方向以确保旋转不变性；接下来依据以关键点为中心 8×8 子窗口内像素的 RGB 值，生成向量形式表示的特征点描述子；最后，以特征点描述子的欧式距离作为两幅图像特征点的相似度量，给距离小于预设阈值的点对建立匹配关系。根据定标理论可知，任何两帧之间都可以根据 7 个以上匹配点求取基础矩阵，然后用基础矩阵来构造射影矩阵，进而重建出欧氏空间下的摄像机参数。在摄像机参数确定后，大片特征不明显区域便可以依据其颜色信息估算其表面平滑程度及深度值，从而获取三维信息。集束优化[24]是 SMR 问题经常使用的技术，集束调整本质上是优化所有的摄像机参数和三维位置，使这些三维点在视频序列图像上的重投影差最小。通过集束优化，可以使反演结果精度得到较大幅度提高。

（2）多视图几何与自定标

视频体的识别通常要在单帧图像上完成，然后采用跟踪技术将其从视频场景中提取出来。对静态图像进行区域划分的图像分割技术，比如 Mean Shift 和 Graph Cut，可以推广到自然场景下的视频对象剪切。有研究者尝试首先将视频序列中某单帧图像进行分割[25]，然后采用 3D Graph Cut 技术对视频中每一帧每个像素点的从属前景或背景进行标记。因为 Graph Cut 是建立在被分割后的图像区域上的，因此它可以对图像进行像素级的后续处理，从而得到高质量的修边结果。另一方面，边界跟踪技术也可以用于将视频对象从自然场景中提取出来。有学者提出主动轮廓线模型[26]，将它定义为"一条在曲线内力和图像势能场的共同作用下进行形变的参数曲线，其在能量函数的约束下，最终收敛到目标边缘"。Agarwala[27]则提出了用户指导下的借助空间-时间优化的 rotoscaping 方法，通过对其在空间、时间上的优化，来同时计算视频对象的外形的动作。用户可以在程序优化的过程中随时对生成的结果进行改进，再交由系统整体优化，从而生成比较理想的跟踪结果。但是，基于跟踪曲线的 rotoscoping 仍有其不足之处，具体表现为由于曲线的表达能力有限，它无法跟踪非常复杂的边界区域，同时也无法在边界面上得到像素级的修边结果。

视频计算技术的快速兴起，为升华视频在虚拟地理环境中的作用提供了技术支持。摄像机全自动高精度定标以及深度恢复技术，使得利用视频高精度恢复三维场景成为可能。借助视频体的识别和跟踪、视频序列的特征匹配可以完成视频场景的编辑改造。但客观而言,地理视频场景体的识别、改造乃至虚实融合的研究才刚刚起步。

1.2.4 虚实融合与视频增强

虚拟现实指的是利用计算机模拟产生一个虚拟的三维世界,为使用者提供各种感官模拟,使其如同身临其境一般,可以及时、无限制地观察三维空间内的事物。然而,长期以来虚拟现实都以几何建模为主,通过高精细的几何模型及真实感绘制来模拟真实世界,但这在实际应用中牵涉的人力成本昂贵,且极为不便。尤其对于真实世界的文物古建和自然场景而言,即使是运用非常精细的建模和最先进的算法去模拟,也难以原汁原味地构建和绘制出其独特的风貌和细节[28]。近年来,随着虚拟现实技术的迅速发展和实际应用需求的不断提高,增强现实技术适时出现。增强现实是将计算机产生的虚拟物体等信息与用户所看到的真实环境进行融合,以达到对真实世界场景进行动态增强的一种技术,具有虚实结合、实时交互和三维注册等特点。与传统的虚拟现实不同,增强现实技术主要是将计算机生成的虚拟信息合成到用户所看到的真实世界中,当用户在真实场景中移动时,计算机产生的增强信息也随之做出相应变化,从而达到与真实环境完美结合的效果。而混合现实又称增强现实与增强虚拟,它是虚拟现实和增强现实的结合与进一步发展。毕竟,虚拟现实只是计算机内纯粹的虚拟世界中的事物,增强现实也只是在已有的真实世界基础上进行虚拟物体的叠加,而混合现实技术则是将虚拟世界和真实世界高度结合,从而进一步增强了现实世界与虚拟世界的沟通,提升了人机互动性。

混合现实涉及对观察者方位的精确跟踪,对真实场景的几何和材质的恢复,以及对光照环境的重建。目前,混合现实所采用的技术对硬件设备要求很高,因而限制了其适用范围,导致大多数设想还停留在实验室的概念设计阶段。此外,在高精度的定位跟踪技术方面也存在瓶颈,这阻碍了混合现实技术的广泛应用进程。基于视觉的混合现实技术通过对视频捕获设备获取的图像进行分析计算,从而获取摄像机的精确定位,并实现混合现实系统所需的其他功能,从理论上讲具有成本低、精度高的优点,这也是当前混合现实技术的重要发展方向之一。另外,目前大多数增强现实系统尚停留在低层次的虚实融合上,忽略了虚实物体之间的光照一致性和相互遮挡等问题,难以满足景观评价、影视制作等高端应用。

从用户的期待角度看,高品质的虚实场景融合还要求虚拟物体与拍摄场景共享光照环境。真实场景光照环境的获取与识别,可为虚拟物体提供可信的光照条件,而这方面在近些年来才引起人们的广泛关注。解决这类问题,目前一般可以采用对光照空间进行建模与采样的方法[29]。但由于室外天气千变万化,如何确定其参数还需要借助于测量和交互方式进行,这使得其在应用上受到很大限制。Sato 等人[30]提出利用已知三维模型物体的阴影信息反求光照环境,认为可以近似求取光照的分布,但这种方式对场景布置有较高的要求。

结合虚拟现实技术和视频计算技术的最新研究进展,本研究探索以视频空间为主空间并构建融合虚拟场景的新型地理环境解决方案,有望在特殊虚拟地理环境构建技术方面取得一定的新发现和新思路。虚实融合视频地理环境视点的自由度虽然受到了一定的限制,尤其是不可与视频摄像机位置和方位偏离过大,但是其解决了传统方法建模效率偏低、真实感效果不足等难题,这无疑是一个对地理信息科学的不容忽视的贡献。

1.3　本书主要内容及基本结构

本书旨在通过将虚拟地理世界无缝融入地理视频空间之中,以建立高真实感的虚实融合模型和信息呈现方式,探索和丰富虚实融合视频地理环境理论和方法,从而力图在虚实环境的信息获取、信息组织、信息分析和处理、信息呈现等关键问题和技术方面取得突破。在基础上,研制驱动引擎,构建原型系统,并将虚实融合视频地理环境应用于地理工程定性和定量分析,形成典型的工程应用范式。

本书的内容结构如下:

第 1 章为本书的绪论部分,主要介绍课题研究背景,从学术研究和实践操作等维度回溯相关工作。

第 2 章围绕视频场景中地形地物三维深度信息的恢复展开深入研究，通过介绍特征点自动提取和匹配、摄像机定位和内方位元素反演等核心内容，重点探讨视频场景深度信息的恢复。

第 3 章针对地理场景的结构恢复展开研究，主要介绍大地坐标的获得方式，以及视频地理场景中基础地物的分割和结构恢复等。同时，针对地理环境中特有的梯田这一要素，提出基于视频的三维结构恢复方法。

第 4 章提出基于图像检索的视频场景地理位置定位方法，针对视频地理环境实际，如季节变化、视点变化影响等因素，提出基于流形学习的地理图像检索新方法。

第 5 章主要开展系统原型介绍和实验验证，经由给出的地理视频场景深度恢复实例，尝试构建虚实融合视频地理环境。

第 6 章为本研究的总结和展望模块，在对本书相关研究进行回顾的基础上总结研究的创新点与不足之处，并提出未来研究的方向和重点。

2　视频地理场景的深度重建

2.1　引言

人类的两只眼睛在看同一个物体时,由于视线角度并不一样,导致物体在视网膜上形成两幅有差别的图像,即所谓的"视差"。视差跟深度成反比,正是这点视差,经过人的大脑加工处理后,形成了立体的图像。立体匹配正是基于该原理来恢复图像的深度信息的。倘若只考虑两张图像的立体视觉,则称之为"双视图立体视觉"或"立体双图匹配"[31-33]。

按不同的求解方法,立体匹配可以分为"局部最优匹配"和"全局优化"两大类。

局部最优匹配法通常采用基于窗口的局部搜索方式,独立估计每个像素的深度,判断相邻像素之间没有关联。这类方法的优点是复杂度低、速度快;缺点是由于缺乏全局综合考虑,容易受局部区域特征的丰富性、图像噪声以及遮挡等因素的影响。

全局优化方法[32,34]假设相邻像素具有相似的深度,为相邻像素之间的深度建立光滑性约束,从而将深度估计问题转化为一个能量最小化问题,并采用 Belief Propagation[34-35] 或 Graph Cut[36] 等数值方法来求解。

一般来说,全局优化方法可以比局部最优匹配得到更好的深度估计。但其求解效率较低,且收敛性与能量函数的复杂度有关,即使运用目前最好的数值优化方法也难以得到全局最优解。尽管全局优化方法能在一定程度上改善无特征和不连续边界区域的深度估计,但仍然无法从根本上解决问题。

与特征丰富区域明显不同,在无特征和不连续边界区域,其匹配函数不存在明显的极值,匹配能量函数比较病态,这使得一方面最优值的求解比较困难,另一方面数值上的最优解也与真实解不完全吻合。Scharstein 和 Szeliski[31] 在 2002 年发表的关于立体双图匹配的研究综述中,对现有的算法做了详细的分析和评估。但是,立体双图匹配有其固有的缺陷:(1)如果两幅图的基线很小,匹配固然容易,但恢复的深度、精度不高;相反,若基线过大,又容易造成匹配困难;(2)被遮挡的部分因为信息缺失,难以可靠地推测深度。相比而言,利用多视图立体匹配进行深度恢复显然更具有优势。因此,近几年基于多视图的深度恢复和三维重建的研究在学界得到了广泛的关注[37-39]。

多视图立体三维重建是近年来计算机视觉领域的研究热点,在这方面也涌现出许多优秀的算法。多视图立体视觉的最终目标是重建出场景的三维模型[40]。传统基于体素的方法[41],由于计算的复杂度和内存限制,往往只能用来恢复单个物体的三维模型,而不用于大场景的三维重建。其他一些基于 Level-Set[42] 或可形变的多边形网格方法[43],往往需要一个初始的三维模型作为起点,如 Visual Hull Model[44]。相比而言,基于深度恢复的三维重建方法[45-46] 则比较灵活,局限性较少。其通常的技术路线是先为每张视图恢复深度图像,然后将不同视图的深度图像整合成一个完整的三维模型。不过,如何运用深度图像或点云数据重建三维模型,这也是计算机视觉和图形学领域里的一个重要研究课题。目前可以采取的方法种类很多,如有些方法是针对有法向的点云数据[47-48]。Merrell 等人[49] 于 2007 年提出了一个快速深度融合算法,可以将多帧深度图像快速融合成一致的三维表面。基于可见约束和可信度准测,他们提出了两种融合策略,即基于稳定性的融合和基于可信度的融合。同一年,Zach 等人[50] 提出了基于能量函数全局优化的深度图像融合算法,该方法采用全变化规整约束和 L^1 距离度量,具有全局收敛性。

为了改善无特征区域的匹配问题,一些基于分割的深度重建方法[36,51] 相继被提出。这些方法一般根据颜色的相似性,先将图像分割成若干块,每个分割块用一个三维平面代表,并通过求解这些三维平面来取代逐个像素的深度求解。其中,Mean Shift 图像分割算法[52] 为大家所常用。实践证明,基于分割的方法能够有效改善无特征区域的深度估计。但因为采用了平面近似,所以对于特征丰富区域的分割会造成深度精度的降低。另外,完美的图像分割是非常困难的,而不正确的分割又会损害深度估计。因此,这类方法的结果严重依赖于分割的结果,具有很大的不确定性。Sun 等人[32]采用将图像分割的结果作为软约束来使用;Zitnick 和 Kang[39]则提出用过分割技术来减轻不正确分割带来的问题。但是,无论是过分割或软分割技术,都不能很好地避免分割带来的弊端。因此,分割技术是一把"双刃剑",如何使用好分割技术仍然是一个很重要的研究课题。

遮挡的处理是立体匹配的又一大难点。现有的遮挡处理方法有多种样式。一些局部匹配方法往往采用鲁棒的截断函数以及自适应地改变匹配窗口大小,从而减轻遮挡带来的问题。一些全局优化方法[32,45,53]则引入可见性变量,对遮挡进行处理。这类方法一般会定义一个二元变量来标识一张图像上的某个像素相对于另外一张图像是否可见,如"0"表示遮挡,"1"表示可见。在求解的时候,不仅要估计深度,还要求解这些可见性变量。大多数方法采用迭代求解方法:先固定可见性变量,求解深度,然后固定深度变量,求解可见性变量,如此反复迭代求出目标解。这种求解策略对于遮挡相对不严重的情况来说,是比较有效的。Strecha 等人[45]提出将每个像素的深度和可见性组合起来,只用一个状态量来表示,并用期望最大化方法来进行一次性求解,避免迭代过程中陷入局部极小值,从而更好地逼近全局最优解。其相关实验表明,该方法适合于图像数目比较少的多视图立体匹配。而当图像数目比较多时,视频序列状态量数目将会变得非常庞大,从而造成求解困难。

总的来说,从多张图像或序列中重建出完整的三维模型,仍是计算机视觉领域的一个难题,现有的方法存在各自的局限性。事实上,对于某些应用而言,完整的三维重建并非必要,只需为每张图像恢复一个高品质的深度图像即可。对于这些应用而言,关键是要保证相关深度图像在不连续边界上尽可能没有瑕疵,且具有很好的时空一致性。面向这些应用,研究者先后提出了以恢复具有时域一致性的深度图像集合为目标的多视图立体重建方法[54-55]。Kang 和 Szeliski[55] 提出,通过在优化函数中加入时域上的光滑性约束项,对多个关键帧上的深度图像进行同时优化。类似地,Larsen 等人[56] 提出了一个基于多视频流的三维重建方法,利用光流算法为相邻帧上的像素建立对应关系,并施加时域上的光滑性约束,以此来改善深度恢复的质量。然而,简单的时域上的光滑性约束对 Outlier 非常敏感,很容易在边界处造成过光滑或混合等瑕疵。所以,对应恢复的深度在时域上的一致性的改善相当有限。Gargallo 和 Sturm[54] 采用了另外一种做法,将图像上的三维重建构建成一个 Bayesian MAP 问题,并用 EM 算法进行求解。他们引入了几何可见性因子,用已求解的深度图像去计算三维点的可见性,并通过隐式的可见性概率变量来处理遮挡和 Outlier。最后,在保持不连续边界的条件下对多深度图像进行光顺融合。研究者还对上述问题进行了系统研究,针对摄像机跟踪技术和深度图像恢复技术提出了高精度的鲁棒方法[28]。但是,该方法大量依赖非线性优化,对初值的选取成为最困难的问题。

2.2 多视图立体三维重建技术

恢复摄像机的运动参数是视频场景重建的首要步骤,这其中通常需要借助运动推断结构技术。运动推断结构(Structure from Motion,简称SFM),指的是根据物体或场景的运动,分析和推断出其三维结构。假定场景静止不变,仅摄像机运动,那么SFM技术可以从摄像机拍摄的图像序列中恢复摄像机的内外参数以及场景的三维结构[28]。SFM是计算机视觉领域的经典问题,涉及特征点匹配跟踪、摄像机内参标定和外参求解等步骤。在介绍SFM方法之前,首先将对所涉及的摄像机模型、透视投影以及欧氏变换等概念进行简要介绍。

2.2.1 摄像机跟踪

理想针孔摄像机模型(即透视摄像机模型)最具代表性,下面着重介绍。设三维空间上的一个点(X, Y, Z),投射到二维投影平面上的坐标为(x,y),如图2-1所示。其光轴通过摄像机中心,与投影面正交垂直,光轴与投影平面的交点记为o。摄像机中心到投影平面的距离记为f(即焦距)。则上述投影过程可以写成如下等式:

$$\begin{cases} x = f\dfrac{X}{Z} \\ y = f\dfrac{Y}{Z} \end{cases} \Leftrightarrow \boldsymbol{p} = \frac{f}{Z}(Id \quad 0)\begin{pmatrix} \boldsymbol{P} \\ 1 \end{pmatrix} \quad (2-1)$$

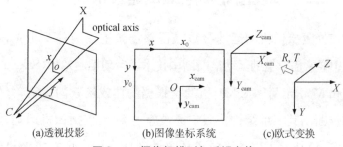

(a)透视投影　　　　　(b)图像坐标系统　　　　(c)欧式变换

图2-1　摄像机模型与透视变换

此处$\boldsymbol{P} \triangle (x,y,z,1)^{\mathrm{T}}$,$\boldsymbol{p} \triangle (x,y,1)^{\mathrm{T}}$是点$P$投影到成像平面上的点$p$的齐次坐标,像素被正规化为矩形区域而非正方形区域。于是,投影过程需考虑两个额外的参数k、l,分别表示图像横纵方向的像素个数。则新的投影公式可表示为:

$$\begin{cases} x = kf\,X/Z \\ y = lf\,Y/Z \end{cases} \quad (2-2)$$

如果进一步考虑到光心位置的偏移(x_0,y_0),光轴的旋

转扭曲,使像素空间纵横坐标非 90°,而是 θ 角,则可将投影公式进一步表示为:

$$\begin{cases} x = kf\left(\dfrac{X}{Z} - \cot\theta\ \dfrac{Y}{Z}\right) + x_0 \\[2ex] y = \dfrac{lf}{\sin\theta}\dfrac{Y}{Z} + y_0 \end{cases} \qquad (2-3)$$

在实际使用中,可以设扭曲角度 θ 视为 90°。则内参矩阵可表示为:

$$\boldsymbol{K} = \begin{vmatrix} f & 0 & c_x \\ 0 & \alpha f & c_y \\ 0 & 0 & 1 \end{vmatrix} \qquad (2-4)$$

其中,纵横比 α 和光心 $(c_x,\ c_y)$ 假设已知,为简化问题,又可分别被设置为 1 和图像的中心。

欲将世界坐标系转换到摄像机坐标系,还需要经过一个欧氏变换:

$$\begin{pmatrix} X \\ Y \\ Z \\ 1 \end{pmatrix} = \begin{bmatrix} \boldsymbol{R} & \boldsymbol{T} \\ \boldsymbol{0} & 1 \end{bmatrix} \begin{pmatrix} X_0 \\ Y_0 \\ Z_0 \\ 1 \end{pmatrix} \qquad (2-5)$$

其中,$\boldsymbol{R}$ 表示一个 3×3 的旋转矩阵,$\boldsymbol{T}$ 表示一个三维平移向量。$\boldsymbol{R}$、$\boldsymbol{T}$ 刻画了摄像机在物体空间中的方位,因此称之

为"摄像机的外参",即摄像机外部运动参数。

2.2.2　双视图几何

两张图像的三维几何对应关系是多视图几何的基础,这里着重讨论。首先,要讨论给定一张图像上的一个点,在另外一张图像的对应点是否存在位置约束。从摄像机中心穿过图像上的该点延伸出一条射线,这个点的三维位置应该在这条射线上,如图 2-2 所示。此时,如果从另外一个视线角度来看,这条射线在该图像上的投影是一条二维线段 l',称之为该点对应的极线(Epipolar Line)。假设两个摄像机的中心分别为 C 和 C',那么其连线 CC' 称之为基线(Baseline)。基线与两个视图平面的交点称之为极点(Epipole),分别记为 e 和 e'。所有极线必须经过极点。因此,如果知道摄像机的内外参数,那么所有这些极点和极线都是完全确定的。事实上,可以无须完全确定摄像机的参数,就可以得到极线几何关系,它可以用一个 3×3 秩为 2 的基础矩阵 $\boldsymbol{F}$ 来完全刻画,即双视图上的两个对应点 $\boldsymbol{x}$ 和 $\boldsymbol{x}'$,满足以下极线几何约束:

$$\hat{\boldsymbol{x}}' \boldsymbol{F} \hat{\boldsymbol{x}} = \boldsymbol{0} \tag{2-6}$$

这里,$\hat{\boldsymbol{x}}$ 和 $\hat{\boldsymbol{x}}'$ 分别表示 $\boldsymbol{x}$ 和 $\boldsymbol{x}'$ 的齐次坐标。基础矩阵与摄像机参数的关系为:$\boldsymbol{F} = \boldsymbol{K}'^{-\mathrm{T}}[\boldsymbol{T}] \times \boldsymbol{R} \boldsymbol{K}^{-1}$,其中又称 $[\boldsymbol{T}] \times \boldsymbol{R}$ 为本质矩阵(Essential Matrix)。$\boldsymbol{F}$ 虽然有 9 个元素,但因

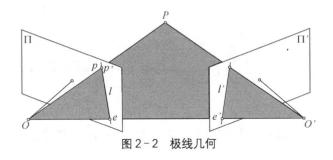

图2-2 极线几何

为对其所有元素一起缩放得到的 $\boldsymbol{F}$ 与原矩阵是等价的,所以可以固定其中的一个元素为1,这样就只有8个自由变量。由于每个对应关系都可以列一个方程,再加上基础矩阵 $\boldsymbol{F}$ 的秩为2的约束,因此,理论上只要知道7个对应点,就可以求解出基础矩阵 $\boldsymbol{F}$。在实际使用时,也常采用8点法进行求解,这时候可以不使用秩为2的约束。

为了排除错误匹配的干扰,通常采用 RANSAC 方法[57]来进行鲁棒地求解。利用约束点到极线的图像距离比公式更具有几何意义,从而使得求解过程更加鲁棒。对于匹配点 $\boldsymbol{x}$,它在另一张图像上对应的极线为 $l'=\boldsymbol{F}\hat{\boldsymbol{x}}$,其匹配点 $\boldsymbol{x}'$ 到相应极线 l' 的距离为:

$$d(\boldsymbol{x}', l') = \frac{|\hat{\boldsymbol{x}}'^{\mathrm{T}}\boldsymbol{F}\hat{\boldsymbol{x}}|}{\sqrt{(\boldsymbol{F}\hat{\boldsymbol{x}})_1^2 + (\boldsymbol{F}\hat{\boldsymbol{x}})_2^2}} \qquad (2-7)$$

因此,对于匹配点 $(\boldsymbol{x}, \boldsymbol{x}')$,可以采取对称的形式最小化 $d(\boldsymbol{x}, l)^2 + d(\boldsymbol{x}', l')^2$。若有 n 个匹配点,则可以最小化所

有距离的平方和：

$$D = \sum_{i=1}^{n} (\hat{\boldsymbol{x}}_i'^{\mathrm{T}} \boldsymbol{F} \hat{\boldsymbol{x}}_i)^2 \left[\frac{1}{(\boldsymbol{F}\hat{\boldsymbol{x}}_i)_1^2 + (\boldsymbol{F}\hat{\boldsymbol{x}}_i)_2^2} + \frac{1}{(\boldsymbol{F}\hat{\boldsymbol{x}}_i')_1^2 + (\boldsymbol{F}\hat{\boldsymbol{x}}_i')_2^2} \right]$$

$$(2-8)$$

通常,先采用 RANSAC 方法剔除 Outlier,并得到 $\boldsymbol{F}$ 的初值,然后将剩下的 Inlier 点代入到公式中,再用非线性优化方法(如 Levenberg-Marquardt 方法,简称 LM)对它进一步求精。

如果已经计算出基础矩阵 $\boldsymbol{F}$,那么以图像 1 为参考帧,这两帧的投影矩阵可以有如下设定：

$$\boldsymbol{P}_1 = \begin{bmatrix} \boldsymbol{I}_{3 \times 3} \mid \boldsymbol{0}_{3 \times 3} \end{bmatrix}$$
$$\boldsymbol{P}_2 = \begin{bmatrix} [\boldsymbol{e}'] \times \boldsymbol{F} \mid \boldsymbol{e}' \end{bmatrix}$$

$$(2-9)$$

然而,双视图的摄像机参数求解不够稳定,尤其是在内参未知的情况下。即使投影误差很小,但恢复的投影矩阵可能离真实解仍相差很大。因此,一般利用多视图几何关系来进行摄像机的标定。

2.2.3 多视图几何与自定标

在 SFM 求解之前,首先需要确定特征点在各帧图像之间的匹配关系。现有的特征点匹配方法有很多种,如 Harris 角点检测[58]和 KLT 匹配方法[59,60]等,这类方法比较适合摄像机运动变化较小的情况,如视频序列的连续帧之间的匹配。另一类特征点匹配方法是近年来兴起的基于不变量的方法[22,61]。当摄像机做大位移和旋转,甚至在镜头缩放的情况下,这类方法依然能稳定地抽取和匹配特征点,所以比较适合全景拼图和大视角变化的图像匹配等应用领域。视频序列上的匹配,往往利用前后帧图像的连贯性而采取连续帧间的逐帧匹配方式:通常都是先抽取特征点,然后在下一帧图像中寻找匹配点,并利用极线几何原理[62],采用 RANSAC 方法[57]来剔除非法点。

对于视频序列,通常可以采用 KLT 算法[59-60]进行序列上的特征跟踪:每相邻两帧进行匹配,并利用极线几何原理[62]采用 RANSAC 方法[57]剔除 Outliers;相匹配的特征点连接起来形成一个特征点跟踪轨迹(Feature Track)。KLT算法不太适合长基线图像数据以及存在循环回路的序列的跟踪,因为这很容易导致 SFM 重建出现漂移问题。但是对于一般的视频序列而言,该算法具有较强的鲁棒性和较高的效率。

根据 Fitzgibbon 等人的分析[63],跟踪时间较长的特征轨迹对求解更有利。所以,只选取跟踪时间较长的轨迹参与求解,即 $T_{\text{length}} \geqslant N$,这些特征轨迹称为最佳跟踪轨迹。关键帧间隔越大、一般基线越长,对求解越有利;但间隔太远,可能没有足够数目的对应点。为此,以 $(N-l)/2$ 间隔在视频序列上选取关键帧,可以保证任意一个最佳跟踪轨迹至少会存在于两个关键帧上,即最佳跟踪轨迹总可以参与求解。另外,为了鲁棒地求解,任意三个连续的关键帧之间必须有足够的公共最佳跟踪轨迹(在实验里一般设置为不少于 30 个)。初始帧选择策略就是从这些三帧组里选出一个最优的,然后由这三帧开始进行 SFM 的初始化,这样的三帧组称之为"参考三帧组"(Reference Triple Frames,简称 RTFs)。如果公共最佳跟踪轨迹的数目不足,那么需要把间隔的阈值临时调低来选择关键帧。提炼好最佳跟踪轨迹和关键帧之后,接下来的结构和运动的估计将在最佳跟踪轨迹和关键帧上进行。

视频序列上相匹配的特征点连接起来就形成一个特征点跟踪轨迹(Feature Track),记为 $\chi = \{x_i \mid_{i=1, \cdots, m}\}$,$x_i$ 表示在第 i 张图像上的二维位置。每个特征点轨迹对应场景中的一个三维点。

假设跟踪了 n 个特征点轨迹 $\{\chi_j\}_{j=1}^n$,对应空间上的 n 个三维点 $\{X_j\}_{j=1}^n$。任意一个三维点 j 在第 i 张图像上的投影表达为:

$$x_{ij} = \pi(P_i X_j) \qquad (2-10)$$

这里的投影函数 $\pi(x, y, z) = (x/z, y/z)$。$P_i = K[R_i \mid T_i]$,即第 i 张图像对应的 3×4 投影矩阵,x_{ij} 为三维点 X_{ij} 在第 i 张图像上的二维点位置。实际情况中,由于遮挡等原因,并不是每个三维点在任何一张图像中都能找到对应的二维

点。所以,需要定义一个有效矩阵$W = \{w_{ij}|_{i=1,\cdots,n;\ j=1,\cdots,m}\}$来描述上述对应关系,即当三维点$X_j$在第$i$张图像上可见,那么$w_{ij} = 1$,否则为0。

由于存在噪声情况,等式一般不会严格成立,通常采用最小二乘法构造如下优化目标函数:

$$E(P_1,\cdots,P_m,X_1,\cdots,X_n) = \sum_{i=1}^{m}\sum_{j=1}^{n} w_{ij} \parallel \pi(P_i X_j) - x_{ij} \parallel$$

$$(2-11)$$

通过最小化目标函数$E(P_1,\cdots,P_m,X_1,\cdots,X_n)$来求解各张图像的投影矩阵和各个三维点的空间位置。满足等式的解并不唯一,如果P_j和X_j是解,那么$P_j U^{-1}$和UX_j(U是任意可逆的4×4矩阵)显然也满足该等式。因此,优化目标函数的时候,通常把第1帧设置为参考帧,即$P_1 = [I|0]$,来实现解的唯一化。另外,每个P矩阵都有12个元素,为简化计算,可以通过固定$P_{44} = 1$使之变成11个自由变量。如果每个P直接用11个变量表达代入到目标函数中,那么求解的结果称之为"射影重建"(Projective Reconstruction)。如果约束$P = K[R|T]$,那么重建的结果称之为"度量重建"(Metric Reconstruction)。因为射影重建要简单些,所以常见的做法是先进行射影空间上的重建,然后通过自定标技术提升到度量空间上的重建。

由于目标函数把摄像机参数和三维点的位置都作为变量并一起进行优化,所以这种优化被称之为"集束调整"(Bundle Adjustment)[64]。一般地,这个目标函数非常复杂,没有直接的解析解,通常采用迭代优化的数值方法来求解。因而,如何有效地选择好的初始值是其中的一个关键任务。

在渐进式求解过程中,如果每增加一帧求解,就用集束调整对已经求解的 SAM 优化一遍,那么对于长序列而言,计算复杂度会非常高。所以,为了降低集束调整的计算代价,采用集束调整局部化的策略。在渐进式求解过程中,每新增加一帧进行集束调整优化时,仅优化新增加的那帧摄像机参数和它可见 m_l 个三维点,其他帧的摄像机参数和三维点都固定不变。事实上,仅需要固定 n_l 个关键帧,而其他帧和三维点不会涉及。这个优化过程就是第一轮优化。

如果第一轮优化之后,重投影误差仍旧大于某个阈值,那么就需要把更多的关键帧以及其相关的三维点考虑进来进行第二轮优化。这 n_l+1 个关键帧和它们相关的三维点都作为变量进行优化,其他的摄像机参数和三维点都固定不变。如果优化后的重投影误差仍大于阈值,就需要引入更多的关键帧及其相关的三维点进行下一轮优化,这个迭代过程一直持续到重投影误差被降低到阈值以内,或者所有的关键帧和三维点都已经经过集束调整的优化。通常,只要经过第一轮优化就足够了,所以这一方法极大地节省了计算代价。

最大限度地精确求解各参数,是上述工作的最终目标。许多研究者提出了不同的 SFM 的方法。早期的 SFM 方法往往带有很强的约束限制,如设置信息标志点[65]、假设场景存在平面[66]、摄像机位置固定仅做纯旋转运动[67]等等。随着自定标理论的发展,后来的 SFM 方法开始逐渐突破这些局限,能够处理摄像机自由移动的情况。传统的 SFM 技术路线是先通过两帧[62]或三帧[68]求解,用于初始化射影空间上的三维结构和摄像机运动参数,然后通过自定标技术[69]将其转换到度量空间,获得度量空间上的重建。自定标(Self-Calibration)指的是利用图像上的二维信息自动求解出摄像机的内部参数的过程。早期的自定标技术往往只能处理焦距未知但固定不变的情况[67,70]。近年来,一些能够处理焦距变化的自定标方法[71]被相继提出。

自定标理论中最重要的一个概念是"绝对二次曲线"(Absolute Conic)和它在图像上的投影。在度量坐标框架下,令绝对二次曲线为 $\boldsymbol{X}^{\mathrm{T}}\boldsymbol{X}=\boldsymbol{0}$, $t=0$,其中 $\boldsymbol{X}=(x,y,z)^{\mathrm{T}}$,则绝对二次曲线在图像上投影的性质为:

$$\boldsymbol{m} : \boldsymbol{K}(\boldsymbol{R}\quad\boldsymbol{T})\begin{bmatrix}\boldsymbol{X}\\0\end{bmatrix} \tag{2-12}$$

从而可知:

$$\boldsymbol{X} : \boldsymbol{R}^{\mathrm{T}}\boldsymbol{K}^{-1}\boldsymbol{m} \tag{2-13}$$

从定义 $X^TX = 0$ 知,$m^T K^{-T} K^{-1} m = 0$。该方程为绝对二次曲线在成像平面的空间的象。令 $C = K^{-T} K^{-1}$,$\omega = KK^T$。

对于二次曲线在左视图中的象为 $x_l^T C x_l = 0$,其对偶二阶曲线为 $l_l^T \omega l_l = 0$。同理,右视图中的象为 $x_r^T C x_r = 0$,对偶二阶曲线为 $l_r^T \omega l_r = 0$。

左视图中,过极点 e 的直线 $l_l \approx [e] \times x$,其对应右视图的 $l_r \approx Fx$。l_l 与二次曲线在投影二次曲线的切点可通过联立二方程求解,即为:

$$x^T [e]_\times^T \omega [e]_\times x = x^T F^T \omega F x = 0 \qquad (2-14)$$

又可得

$$[e]_\times^T \omega [e]_\times = F^T \omega F \qquad (2-15)$$

令

$$\omega \approx \begin{bmatrix} \omega_1 & \omega_2 & \omega_3 \\ \omega_2 & \omega_4 & \omega_5 \\ \omega_3 & \omega_5 & \omega_6 \end{bmatrix}$$

上述方程就是 Kruppa 方程,其中,F,e 为已知数,ω 为未知数。ω 有 5 个独立未知变量,每个 Kruppa 方程最多可以提供 2 个关于未知变量的独立约束,约束方程为 5 元二次方程。每对图像可以得到一个 Kruppa 方程,故至少需要 3 对图像来标定摄像机,且摄像机的内参数必须保持不变。

2.2.4 基于视频的摄像机跟踪框架

传统的 SFM 技术路线是先进行射影空间上的重建，然后通过自定标技术将其转换成度量空间上的重建。然而，对于长序列来说，这种方案很容易造成误差累积，从而导致自定标的失败。Repko 和 Pollefeys[72] 提出了一个改进的自定标方法来减轻这个问题，但该方法局限于焦距固定的情况。另外，长序列的求解依赖于频繁使用集束调整来保证求解精度，因而其计算复杂度很高，虽然一些基于关键帧的方法[72-73]可以在一定程度上降低计算复杂度，但仍然不够高效。随着一些经典论文和著作[28,63,71,74]的发表，SFM 的理论逐渐走向成熟。

基于视频序列的 SFM 的整个过程涉及特征点匹配跟踪、SAM 初始化、自定标以及集束调整等。其中，关键在于如何初始化 SAM，并利用自定标技术将其及时从射影空间转换到度量空间。因为，只要 SAM 能够正确初始化，后续的求解就能以渐进方式鲁棒地进行。相关学者尝试构造 SFM 的求解框架如下[28]：

（1）利用 KLT 特征点自动抽取技术并匹配；

（2）自动选择最佳跟踪轨迹和关键帧；

（3）初始化度量空间下的三维结构和运动，选择合适的三个关键帧作为 RTFs 进行射影重建的初始化，并将射影重建转换到度量重建；

（4）对于新加入求解的各关键帧,初始化其摄像机参数和相关的三维点,并用局部集束调整法对已经求解的结构和运动进行求精;

（5）求解所有其他帧摄像机参数;

（6）对所有帧恢复的结构和运动用集束调整进行优化。

提取特征点并进行跟踪匹配是首要步骤。在匹配结束之后,先提取出适合求解的最佳跟踪轨迹和关键帧,然后选出合适的三个连续的关键帧作为 SFM 求解的突破口,并及时进行自定标将结构和运动从射影空间转换到度量空间。有了度量空间的初始三维结构和摄像机运动参数,则可采用渐进式增加关键帧求解整个关键帧序列。每增加一个关键帧,就利用已经恢复的三维点去求解该帧摄像机参数。同时,增加的新关键帧还会引入一些新的特征点,如果这些特征点在前面求解过的帧中也有对应的匹配,那么就能根据射影几何求解出其三维位置。不断地用已求解的三维点去初始化新的帧的摄像机参数,然后基于已求解的摄像机参数三角化出更多的三维点,直到所有的关键帧和最佳跟踪轨迹处理完毕。这样,所有关键帧的摄像机参数和所有最佳跟踪轨迹的三维位置都在度量空间上经过了精确重建。然后,利用这些精确恢复三维位置的跟踪轨迹,快速求解出其他非关键帧的摄像机参数。最后,对整个序列进行集束调整。

2.3 场景的深度恢复

上节介绍了基于视频的摄像机自动跟踪方法,可以鲁棒高效地恢复出摄像机的参数和一些稀疏三维点。本节将进一步介绍如何从视频序列中恢复出高质量的稠密深度信息。关于多视图立体视觉的基本背景知识和相关研究工作,已经在本章第1节做了必要的回顾和介绍,此处不再重复。

获得场景的稠密三维几何信息,保持视频处理的时空一致性,是构建虚实融合视频地理环境的前提。研究者可借助计算机视觉领域多视图立体技术,从多幅图像或视频序列中恢复出场景的稠密深度信息或三维模型。近十年来,广大研究者对立体匹配问题进行了广泛深入的研究[31,39,40,55]。然而,因为实际拍摄的图像或视频数据不可避免地存在着图像噪声、无特征区域以及遮挡等情况,导致自动恢复出高质量的稠密深度依然非常困难。对于一个摄像机自由移动拍摄的视频序列,有研究者提出了一个鲁棒的方法[28],可以为每帧自动地恢复一幅深度图像,并达到以下两个目标:(1)位于不同帧上的相同像素,其深度具有高度一致性;(2)不同深度的像素位于不同的深度层次上。为达成这两个目标,将采用集束优化(Bundle Optimization)方法来解决上述深度求解的各种问题。该方法未对可见性显式地进行判断,而是将可见性隐含在能量函数中。这个全局能量最小化框架将多帧之间的颜色一致性和几何一致性结合起来,有效降低了噪声和遮挡对图像深度恢复的影响,使得恢复的深度不至于过于平滑。

2.3.1　问题和算法概述

给定一个摄像机经自由移动拍摄的 n 帧视频序列 $\{I_t, t=1, \cdots, n\}$。这里 $I_t(x)$ 表示第 t 帧上像素 x 的亮度,在彩色图像里为一个三元素的向量,在灰度图像里则是一个标量。实验中,假设它是一个 RGB 颜色向量。我们的目标是恢复一个视差图像序列 $\{D_t \mid t=1, \cdots, n\}$。$D_t(x)$(简写成 d_x),定义为 $d_x = 1/z_x$,这里 z_x 表示第 t 帧的像素 x 的深度值。注意,本书对深度(Depth)和视差(Disparity)不做区分。

一个视频序列中第 t 帧的摄像机参数表示为 $C_t = \{K_t, R_t, T_t\}$,这里 K_t 表示内参矩阵,R_t 表示旋转矩阵,T_t 表示平移向量。各帧的摄像机参数可以采用上节方法恢复出来。

为进行视频序列上的深度恢复,特定义如下求解模型:

$$E(\hat{D}; \hat{I}) = \sum_{t=1}^{n} [E_d(D_t; \hat{I}, \hat{D} \backslash D) + E_s(D_t)]$$

$$(2-16)$$

这里,数据项 E_d 衡量视差 $\hat{D}$ 对于给定的序列 $\hat{I}$ 的符合性,而平滑项 E_s 则约束视差的平滑性。对于任意一帧上的某个像素,根据多视图几何关系,在其他帧上会有相应的像素与之对应。这些像素之间不仅满足颜色一致性约束,还应该满足几何一致性约束。为此,本书采用了一个集束优化框架,显式地将序列各帧上的像素之间的关联建立起来,实现多帧上的同时优化。

对于输入的一段视频序列,首先采用 SFM 技术恢复摄像机参数,然后为每帧独立地求解深度,并结合图像分割改进无特征区域的深度恢复,进而完成深度的初始估计。初始化完成之后,再采用集束优化对整个序列上的深度进行迭代优化。

算法流程如下:

(1)恢复序列中每一帧的摄像机参数。

(2)各帧采用 Belief Propagation 算法最小化函数来恢复深度图像;结合图像分割,进一步改进初始化的深度质量。

(3)保持其他帧的视差图像不变,通过最小化函数来优化 D_t,并重复优化两遍。

2.3.2　深度初始化

首先,以视频各帧图像独立求解的视差图像作为初始值。视差范围可以表示为 $[d_{\min}, d_{\max}]$,将视差离散成 $m+1$ 级,第 k 级视差为 $d_k = d_{\min}(m-k)/m + d_{\max}k/m$,其中 $k=0, \cdots, m$。本步的主要任务是为每个像素求解一个初始的视差 d。类似于传统的多视图立体匹配方法,本书的深度初始估计也是基于颜色一致性约束,并定义如下视差概率:

$$L_{\text{init}}[x,\,D_t(x)] = \sum_{t'} p_c[x,\,D_t(x),\,I_t,\,I_{t'}]$$

$$(2\text{-}17)$$

其中，$p_c(x,\,d,\,I_t,\,I_{t'})$估算了像素 x 和它 t' 帧上对应的像素 x'（给定视差 d）的颜色相似性：

$$p_c(x,\,d,\,I_t,\,I_{t'}) = \frac{\sigma_c}{\sigma_c + \parallel I_t(x) - I_{t'}[l_{t,\,t'}(x,\,d)] \parallel}$$

$$(2\text{-}18)$$

此处，σ_c 控制匹配函数的形状，$\parallel I_t(x) - I_{t'}[l_{t,\,t'}(\boldsymbol{x},\,d)]\parallel$ 表示颜色的 L^2 距离。对于第 t 帧，数据项 E_d^t 可以表达为如下形式：

$$E_d^t(D_t;\,\hat{I}) = \sum_x \{1 - u(\boldsymbol{x})L_{\text{init}}[x,\,D_t(\boldsymbol{x})]\},$$

$$(2\text{-}19)$$

其中，$u(\boldsymbol{x})$是一个自适应的归一化因子，可定义为：

$$u(\boldsymbol{x}) = 1/\max_{D_t(x)}[\boldsymbol{x},\,D_t(\boldsymbol{x})] \qquad (2\text{-}20)$$

第 t 帧的空域平滑项可以定义如下：

$$E_s(D_t) = \sum_x \sum_{y \in N(x)} \lambda(\boldsymbol{x},\,\boldsymbol{y}) \cdot \rho[D_t(\boldsymbol{x}),\,D_t(\boldsymbol{y})]$$

$$(2\text{-}21)$$

这里，$N(\boldsymbol{x})$ 表示与像素 x 相邻的像素集合，而 λ 控制平滑项的权重。$\rho(.)$是一个截断函数，定义为：

$$\rho[D_t(\pmb{x}), D_t(\pmb{y})] = \min\{|D_t(\pmb{x}) - D_t(\pmb{y})|, \eta\}$$

$$(2-22)$$

这里的 η 决定函数的上界。

为保持边界不连续性，$\lambda(\pmb{x}, \pmb{y})$ 通常定义成各向异性的方式，使得深度不连续性跟颜色或亮度的突变相吻合[31,36,75,76]。所以，将自适应平滑权重定义为：

$$\lambda(\pmb{x}, \pmb{y}) = \bar{\omega}_s \cdot \frac{u_\lambda(\pmb{x})}{\|I_t(\pmb{x}) - I_t(\pmb{y})\| + \varepsilon} \quad (2-23)$$

此处，$\bar{\omega}_s$ 表示平滑的强度，而 ε 控制其对颜色对比度的敏感性，$u_\lambda(\pmb{x})$ 是一个平滑因子：

$$u_\lambda(\pmb{x}) = |N(\pmb{x})| / \sum_{y' \in N(x)} \frac{1}{\|I_t(\pmb{x}) - I_t(\pmb{y}')\| + \varepsilon}$$

$$(2-24)$$

该自适应平滑项在平坦的区域平滑性加强，而在边界区域则不连续性保持。

综上所述，深度初始化的目标函数可定义如下：

$$E_{\text{init}}^t(D_t; \hat{I}) = \sum_x \left\{ \begin{aligned} & 1 - u(\pmb{x}) L_{\text{init}}[\pmb{x}, D_t(\pmb{x})] + \\ & \sum_{y \in N(x)} \lambda(\pmb{x}, \pmb{y}) \cdot \rho[D_t(\pmb{x}), D_t(\pmb{y})] \end{aligned} \right\}$$

$$(2-25)$$

最小化 E_{init} 就可得到初始的深度估计。考虑到遮挡因素,采用 Kang 和 Szeliski[55] 提出的帧筛选方法尽可能排除遮挡的影响。对于每一帧 t,采用 BP 算法[35] 最小化目标函数来求解 D_t,从而得到其深度图像。

为更好地处理无特征区域,本书结合图像分割来进一步改进视差估计。此处采用 Mean Shift 算法[52] 对每一帧独立地进行分割。类似于非正向的平面化技术[32,77],将每个分割块当作一个三维平面,并为每个分割块 s_i 引入平面化参数 $[a_i, b_i, c_i]$。这样,对于每个像素 $x=[x, y] \in s_i$,其对应的视差可以表示成 $d_x = a_i x + b_i y + c_i$。将 d_x 代入到目标函数中,E_{init}^t 就可以表达成一个关于变量 a_i, b_i, $c_i (i=1, 2, \dots)$ 的非线性连续函数。要使用非线性连续函数优化并求解所有的平面参数,首先需要分别求出关于 a_i、b_i 和 c_i 等变量的偏导。注意到,$L_{\text{init}}(x, d_x)$ 并不直接跟平面参数相关,可以根据链式法则推导:

$$\frac{\partial L_{\text{init}}(x, d_x)}{\partial a_i} = \frac{\partial L_{\text{init}}(x, d_x)}{\partial d_x} \cdot \frac{\partial d_x}{\partial a_i} = x \frac{\partial L_{\text{init}}(x, d_x)}{\partial d_x}$$

$$\frac{\partial L_{\text{init}}(x, d_x)}{\partial b_i} = y \frac{\partial L_{\text{init}}(x, d_x)}{\partial d_x}$$

$$\frac{\partial L_{\text{init}}(x, d_x)}{\partial c_i} = \frac{\partial L_{\text{init}}(x, d_x)}{\partial d_x} \quad (2-26)$$

在这些等式当中,一阶偏导先在离散的视差级上计算:

$$\frac{\partial L_{\text{init}}(x, d_x)}{\partial d_x}\bigg|_{d_k} = \frac{L_{\text{init}}(x, d_{k+1}) - L_{\text{init}}(x, d_{k-1})}{d_{k+1} - d_{k-1}}$$

$$(2 - 27)$$

这里 $k = 1, ..., m$。然后,通过三次 Hermite 插值构造出连续化的 $L_{\text{init}}(x, d_x)$,表示为 $L_{\text{init}}^c(x, d_x)$。构造完成之后,可以由 $L_{\text{init}}^c(x, d_x)$ 连续地计算各点的一阶偏导。

经过变量代换 $d_x = a_i x + b_i y + c_i$,求解 d_x 等价于求解平面参数 $[a_i, b_i, c_i]$。所以,可以采用非线性连续优化的方法来最小化目标函数。最初的三维平面参数可以用非正向的平面化技术[77]求解获得。在实现过程中,采用了一个更简单的方法,可以快速地求得满意的平面参数。对于每个分割块 s_i,先假设它属于一个正向平面(即 $a_i = 0$, $b_i = 0$),并固定其他所有分割块的视差值,用不同的 $d_k(k = 0, \cdots, m)$ 计算出一组 c_i,选出使目标函数最小的一个,记为 c_i^*。在得到 c_i^* 之后,解开对 a_i 和 b_i 的束缚使其成为自由变量,再用 Levenberg-Marquardt 方法优化目标函数来进一步求精。当所有的平面参数确定之后,每个分割块上的像素的视差值也就可以相应地估算出来了。

2.3.3 集束优化

在深度初始化的步骤里,使用了基于颜色的分割,并且为每帧图像独立地求解出深度图像。分割具有双重作用,一方面,基于分割的方法规范了大面积无特征区域的深度求解;另一方面,它不可避免地降低了特征丰富区域的深度恢复的精度,而且难以处理颜色相似但深度差异很大的情况。另外,初始化由每帧独立地求解进行,所以不能保证所恢复的各帧的深度图像之间具有良好的时域一致性。对恢复的深度图像序列进行播放,可以看到明显的闪烁现象。为解决上述问题,本书进一步引入了几何一致性约束将各帧关联起来,并使用集束优化方法优化视差图像。通过同时施加颜色一致性和几何一致性约束,可以迭代地对视差估计进行优化,实现了深度信息的高质量恢复。

(1) 能量函数定义

为了引入几何一致性约束,需要对目标函数进行重新定义。与深度初始化的目标函数相比,主要是对数据项做了修改。通常,数据项在能量函数优化问题中扮演着本质的角色。如果数据项没有什么信息量,那么问题的求解就会有很大的不确定性,导致目标函数存在着多解现象,即虽然函数值很接近,但这些解却相差迥异。例如,将数据项定义成颜色的相似性,那么在无特征区域的匹配就有很大的不确定性。尽管平滑项对深度求解具有规范作用,但本质上只是对相邻像素之间的视差进行一定程度上的折中,而对于准确地推断真实值来说帮助不大。

定义新的数据项的另外一个目的,是更好地处理遮挡问题。其基本思想是通过在多帧上收集颜色和几何的统计信息,来减少遮挡和 Outlier 对深度恢复的影响。特别地,在一个视频序列中,如果某帧中的一个像素因为遮挡或其他问题导致深度估计错误,那么用这个错误的深度会把这个像素投影到其他帧上,同时满足颜色一致性和几何一致性的概率将会非常小。我们受这个想法的启发,定义了新的数据项。

考虑第 t 帧上的像素 x,根据极线几何,它在第 t' 帧上的对应像素应该位于共轭极线上。对于像素 x,给定摄像机参数和视差 d_x,根据多视图几何原理,可以计算其在第 t' 帧上的共轭像素位置,表达成如下形式:

$$x'^h : \boldsymbol{K}_{t'}\boldsymbol{R}_{t'}^\mathrm{T}\boldsymbol{R}_t\boldsymbol{K}_t^{-1}x^h + d_x\boldsymbol{K}_{t'}\boldsymbol{R}_{t'}^\mathrm{T}(\boldsymbol{T}_t - \boldsymbol{T}_{t'}) \quad (2-28)$$

这里,上标 h 表示向量在齐次坐标系下的坐标。二维点 x' 可以通过 x'^h 除以第 3 个齐次坐标而得到。x 在 t' 帧上的映射可以表示为 $x' = l_{t,t'}(x, d_x)$。类似地,可以对称地定义映射 $l_{t',t}$。因此,有 $x'^{\to t} = l_{t',t}(x', d_{x'})$。

如果没有遮挡或匹配错误,理想情况下有 $x'^{\to t} = x$。结合颜色一致性和几何一致性,为 t 帧上的每个像素 x,定义其视差概率:

$$L(x, d) = \sum_{t'} p_c(x, d, I_t, I_{t'}) \cdot p_v(x, d, D_{t'})$$

$$(2-29)$$

这里，$p_v(x, d, D_{t'})$ 是几何一致性因子，用来衡量 x 和 $x^{t'\to t}$ 这两个像素在图像位置上的接近程度，可采用高斯分布来定义：

$$p_v(x, d, D_{t'}) = \exp\left(-\frac{\| x - l_{t', t}(x', D_{t'}(x')) \|^2}{2\sigma_d^2}\right)$$

$$(2-30)$$

这里，σ_d 表示标准偏差。这里的几何一致性本质上跟双视图立体匹配方法里的对称约束[32]类似。

颜色一致性和几何一致性约束分别从两个不同的方面约束 t 和 t' 这两帧之间的像素对应关系。下面，简要地分析这样定义视差概率的原因。

这里的视差概率本质上要求一个正确的视差同时满足两个条件，即对应的像素之间既要有很高的颜色相似性又要有很高的几何一致性。下面，以实例解释该数据项能够保证可靠的深度估计。假设正在计算第 t 帧像素 x 的视差概率。一个正确的视差 d 会使得 $p_c(x, d, I_t, I_{t'}) \cdot p_v(x, d, D_{t'})$ 的值比较大，而其他错误的视差值则很难同时满足颜色一致性和几何一致性约束，输出的值往往都很小。把其所有可能视差的概率合并起来，就会形成一个类似正态分布、极值接近真实视差的概率密度函数。

另外，发现这个视差概率模型在深度不连续边界也能处理得很好。尤其是使用了颜色分割和平面代换来独立地初始化每帧的深度,使得不同帧上对应的相同像素会以一定的概率被各自分配到错误的深度块或正确的深度块上,而只要有几帧被赋予正确的深度块,就足以使 $\sum_{t'} p_c(x, d, I_t, I_{t'}) \cdot p_v(x, d, D_{t'})$ 对于正确的视差 d 输出比较大的值。所以,在很多情况下,甚至是不连续边界区域,本方法得到的视差概率分布也具有很高的区分性,正确视差的概率值明显大于其他错误视差的概率值。

(2) 迭代优化

本书通过一个高效的 BP 算法[35]来最小化目标函数,然后迭代地求解深度。本步骤采取逐像素的视差优化方式来纠正错误的视差估计,而不再使用分割。每一遍优化都是从第 1 帧开始,依次优化到第 n 帧。为了降低计算的复杂度,在优化视差图像 D_t 的时候,其他视差图像固定不变。这种情况下,对于第 t 帧,目标函数可简化为:

$$E_t(D_t) = E_d(D_t) + E_s(D_t) \qquad (2-31)$$

其他项 $E_d(D_t)$ 和 $E_s(D_{t'})$ $(t \neq t')$ 都固定不变。数据项 $E_d(D_t)$ 通常只用关联相邻的 $30 \sim 40$ 帧。当第 n 帧优化完之后,第一遍优化完毕。实验结果显示,往往第一遍优化完之后,噪声和估计错误就已经减少很多,经两遍优化后一般足够达到收敛。

2.3.4　多道 BP 优化算法

在上述深度估计中,本书采用 BP 算法来优化目标函数。采用如式 2 - 21 的线性截断函数作为平滑项,BP 算法的计算复杂度会跟视差级数成正比。所以,如果视差级数很多,那么计算复杂度会很高,而且内存需求量也很大。这使得在实际应用中不得不限制视差级数,从而限制了视差恢复的精度。这里,采用一个多道 BP 优化算法,可以在不需要增加很多计算代价的条件下有效地扩展全局优化中的视差级数,从而提高视差恢复的精度。Kang 等人[53] 提出了一个层次化的 Graph Cut 算法,来加速多视图立体匹配的全局优化。但是,他们的算法由于基于 Graph Cut 优化方法,每一层次的求解复杂度都跟深度级数呈平方关系,而相关学者的算法是基于 BP 优化方法,每一道优化的复杂度跟深度级数呈线性关系[28]。因此,该方法的计算效率更高。选择 BP 的另外一个原因是,集束优化模型里的数据项中的视差概率分布通常具有良好的形态,这使得 BP 可以很快地收效,通常 10 次迭代就足够了。

首先,将视差分成 51 等分,则第 k 级视差为:

$$d_k^0 = d_{min} + \frac{k}{50} \cdot (d_{max} - d_{min}), \ k = 0, \cdots, 50$$

$$(2 - 32)$$

对于每一帧 t，采用 BP 算法求解目标函数，以优化其深度图像。假设对于像素 x 求解得到的视差为 d_x^0（这里 $d_x^0 = d_k^0$）。可以认为像素 x 的真实视差值在 $[d_{k-1}^0, d_{k+1}^0]$ 范围内（$k=0$ 和 $k=50$ 除外）。所以，为了求解更精细的视差，将 $[d_{k-1}^0, d_{k+1}^0]$ 进一步细分成 21 等级，每一个新的第 i 个视差级为：

$$d_i^1 = d_k^0 + \frac{i}{20} \cdot (d_{k+1}^0 - d_{k-1}^0), \ i = 0, \cdots, 20 \ (2\text{-}33)$$

然后，再用 BP 求解目标函数进一步优化深度图像。由于每一道 BP 优化的复杂度跟所离散的视差级数呈线性关系，因而两道优化的时间复杂度为 $O(l_1 + l_2)$（l_1、l_2 分别为第 1 道和第 2 道的级数），而产生的视差精度相当于 $(l_1 - 1) \cdot (l_2 - 1)/2 + 1$ 个视差级数。因此，一般来说只要经过两道 BP 优化就可以产生数百级等分的视差精度。

借助上节的摄像机跟踪技术，以及本节的深度恢复方法构建了原型系统，并对两个自然场景实验区进行深度恢复实验。其中，图 2-3 和图 2-6 分别为两个所选场景的特征跟踪结果的二维展示，图 2-4 和图 2-7 是特征点及相机轨迹的示意。上述图片展示了本书方法对特征点跟踪和摄像机跟踪技术的算法成果。图 2-5 和图 2-8 为深度恢复结果图，从图中可以看出其恢复精度较高。

扫码看彩图

图 2-3　自然场景特征点二维视图

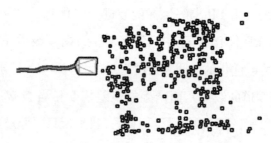

图 2-4　特征点三维视图及相机轨迹示意图

图 2-5　自然场景深度图像

图 2-6　自然场景特征点二维视图

图 2-7　特征点三维视图及相机轨迹示意图

图 2-8　自然场景深度图像

2.4　本章小结

本章回顾了视频场景重建和增强处理所涉及的各种计算机视觉和图形学的技术,在此基础上重点介绍了基于视频的摄像机跟踪、稠密深度恢复和视频场景分层方法,最后给出两个深度重建实例,进一步验证本章方法的有效性。

3 视频地理场景结构恢复

可视化查询是地理信息系统必备的功能，旨在帮助用户在屏幕上直观选取地物目标，以查询其对应的几何和地理属性信息。其中，地理坐标是地理地物最为重要的信息，地理信息系统应该具备准确的大地坐标信息并供用户查询。此外，为方便使用者查询，还需对场景进行分割，将影像数据按照其地物归属进行划分，并增加其属性信息等要素。上述操作实质上就是对视频场景的结构进行了恢复。

3.1 视频场景内经纬度坐标的确定

借助多视图三维重建技术可完成对视点和特征点的精确重建。确定三个位于不同平面上的具有经纬度及高程信息的空间点，建立本地直角坐标系与大地坐标系的对应关系，从中可获得深度重建场景中任意点的经纬度和高程信息。在实际应用中，通常以空间大地直角坐标系作为中转，首先将本地直角坐标系转换为空间大地直角坐标系，而后再将其转换为大地经纬度。

坐标系统是由坐标原点位置、坐标轴的指向和尺度定义的,对于地固坐标系,坐标原点选在参考椭球中心或地心,其坐标轴的指向具有一定的选择性。国际上通用的坐标系一般采用协议地极方向 CTP(Conventional Terrestrial Pole)作为 Z 轴指向,因而被称为"协议坐标系"。

3.1.1 空间直角坐标转换

空间直角坐标系的原点位于地球参考椭球的中心,z 轴与地球自转轴平行并指向参考椭球的北极,x 轴指向参考椭球的本初子午线,y 轴、x 轴、z 轴相互垂直最终构成一个右手系。大地坐标系是以大地基准为基础建立起来的,大地基准又以参考椭球为基础,由此大地坐标系又被称为"椭球坐标系"。

不同空间直角坐标系的转换包括三个坐标轴的平移和坐标轴的旋转,以及两个坐标系的尺度比等参数,坐标轴之间的三个旋转角叫 Euler 角。则空间直角坐标转换公式为:

$$\begin{bmatrix} X_2 \\ Y_2 \\ Z_2 \end{bmatrix} = \begin{bmatrix} X_1 \\ Y_1 \\ Z_1 \end{bmatrix} + \begin{bmatrix} 0 & \varepsilon_z & -\varepsilon_Y \\ -\varepsilon_z & 0 & \varepsilon_x \\ \varepsilon_Y & -\varepsilon_x & 0 \end{bmatrix} \begin{bmatrix} X_1 \\ Y_1 \\ Z_1 \end{bmatrix} + \begin{bmatrix} X_0 \\ Y_0 \\ Z_0 \end{bmatrix} \quad (3-1)$$

其中,X_0, Y_0, Z_0 为坐标 2 的坐标原点相对坐标 1 的平移量,ε_x,ε_Y,ε_z为直角坐标系1,2的 Euler 角。这里假定在坐标转换中,各方向没有拉伸和压缩。上述公式较为直观,此处不做推导。

3.1.2　空间直角坐标与世界大地坐标的转换

一般来讲,GPS 直接提供的坐标(B,L,H)是1984年世界大地坐标系(Word Geodetic System 1984,即 WGS‐84)的坐标,其中 B 为纬度,L 为经度,H 为大地高也即到 WGS‐84 椭球面的高度。

WGS‐84 坐标系是美国国防部研制确定的大地坐标系,是一种协议地球坐标系。WGS‐84 坐标系的定义是:原点是地球的质心,空间直角坐标系的 z 轴指向 BIH(1984.0)定义的地极(CTP)方向,即国际协议原点 CIO,它由 Iau 和 Iugg 共同推荐。x 轴指向 BIH 定义的零度子午面和 CTP 赤道的交点,x 轴、y 轴和 z 轴构成右手坐标系。WGS‐84 椭球采用国际大地测量与地球物理联合会第17届大会测量常数推荐值,采用的两个常用基本几何参数分别为:长半轴 $a = 6\ 378\ 137$ m,扁率 $e = 1 : 298.257\ 223\ 563$。

空间大地直角坐标(X,Y,Z)与空间大地坐标(B,L,H)是属于同一个坐标系统下的两种不同的坐标表示方式,它们之间存在着唯一的数学换算关系。

图 3‐1 中,F_1 和 F_2 的坐标分别是$(-c,0)$,$(c,0)$。M 所

在的经线面截椭球体所得坐标下的椭圆为:

$$\frac{u^2}{a^2} + \frac{z^2}{b^2} = 1 \qquad (3-2)$$

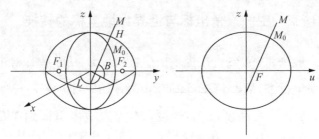

图 3-1 WGS-84 参考椭球

其中,a 为椭球体长轴,b 为椭球体短轴。

设 $M_0 = (u_0, z_0)$,$F(u_F, 0)$。过 M_0 的切线方程为:

$\dfrac{u_0 u}{a^2} + \dfrac{z_0 z}{b^2} = 1$,则该处法向量为 $\vec{n} = \left(\dfrac{u_0}{a^2}, \dfrac{z_0}{b^2}\right)$。因为 $\vec{n}$ //

$M_0 F$,则有 $\dfrac{u_0 - u_F}{u_0/a^2} = \dfrac{z_0}{z_0/b^2}$,可得 $u_F = \dfrac{c^2}{a^2} u_0$。从而知:

$$\begin{cases} X = u_M \cos L = (N+H)\cos B \cos L \\ Y = u_M \sin L = (N+H)\cos B \sin L \\ Z = z_m = [N(1-e^2)+H]\sin B \end{cases} \qquad (3-3)$$

其中,$N = \dfrac{a}{\sqrt{1-e\sin^2 B}}$,$e = \dfrac{c}{z} = \dfrac{\sqrt{a^2-b^2}}{a}$,$e$ 为离心率,

a 为椭球体长轴,b 为椭球体短轴。

若已知某点的大地直角坐标(X, Y, Z),求其(B, L, H),可由下列公式完成。

$$\begin{cases} L = \arctan(Y/X) \\ B = \arctan\{Z/\sqrt{X^2 + Y^2}\,[1 - (e^2 N)/(N + H)]^{-1}\} \\ H = \sqrt{X^2 + Y^2}/\cos B - N \end{cases}$$

$$(3-4)$$

上述公式为迭代公式,迭代初始值采用如下公式获得:

$$\begin{cases} L = \arctan(Y/X) \\ H = \sqrt{X^2 + Y^2 + (Z + Ne^2 \sin B_0)^2} - N \\ B = \arctan\{(Z/\sqrt{X^2 + Y^2})[1 - e^2 N/(N + H)]^{-1}\} \end{cases}$$

$$(3-5)$$

建立局部直角坐标系与世界大地坐标系的转换后,视频空间中任意点的坐标信息可由此及彼,转换查询。

3.2 视频场景特征线提取与增强

地形特征是指对于描述地形形态有着特别意义的地形表面上的点、线、面,它们构成了地形变化起伏的骨架。水系特征与地形特征的提取内容大致相同,因为从物理意义上讲,山脊线具有分水性,山谷线具有合水性,因此提取分水线与合水线的实质就是提取山脊线与山谷线。水系特征分析与地形特征分析的最大不同点之一,是许多应用中需要分析水系的流域范围(如汇水流域等)。

谷脊线的提取有几何方法和图像方法两大类。几何方法需要借助高精度的数字高程模型或者 LiDAR 数据来完成,对于通过立体视觉恢复的深度图像,仅仅借助几何方法完成脊谷线提取的难度较大。本书借助图像分割技术完成主要工作,对于不能完全自动提取的部分谷脊线,尚需借助交互来完成。

3.2.1 图像分割技术

图像分割算法有多种划分途径[78-79]。从分割所依据的特征信息来看,图像分割方法可以分为两类:一类是基于局部信息,依据图像的局部特征进行区域分割,是自下而上的分割;另一类是基于全局信息,即从整幅图像的特征总体考虑,是自上向下的分割。如把图像分割看作是基于颜色或其他空间特征的分类问题,可分为有监督和无监督两类分割算法。有监督算法包括最大似然、决策树 k-近邻法等,而自适应阈值法、C-均值、分裂合并等则一般属于无监督算法。从分割技术的角度来看,大多数分割方法都采用像素与其邻域间的两个基本属性——相似性和不连续性。基于不一致属性的方法,一般通过检测与其邻域不一致的点、线和边缘来分割图像。基于相似性的方法,则通过检测同质区域来实现图像分割。相应地,图像分割方法可以分为如下四类:基于区域的方法、基于边缘的分割方法、基于特征空间的方法和其他方法。然而,上述技术并非是完全分开的,很多方法之间存在交叠,下面对此分别加以简述。

(1) 区域分裂-合并方法

这类方法从一个初始的包含许多非同质区域的分割开始进行分裂,然后再对分裂结果进行合并,直到获得符合某种要求的同质区域为止。分水岭变换是常用的一种分裂操作。分水岭(Watershed)是地形学的经典概念,也是图像形态学的一个主要算子。

(2) 区域生长分割方法

区域生长的基本思想是将具有相似性质的像素点合并起来构成同质区域。首先,选定种子点或种子区域,然后不断地将与种子区域相邻并满足一定同质属性判据的像素合并到种子区域,这种生长过程直到所有像素均有归属为止。该类方法的难点在于种子点的选取以及生长规则的制订。Tremean 和 Borel[80]首先通过生长过程得到若干邻接区域,然后将所有具有相似颜色分布的区域进行合并。Deng 和 Manjunath[81]提出了一种无监督的彩色纹理区域分割方法(称为 JSEG),该方法包括颜色量化和空域分割两个步骤,其中空域分割是采用区域生长和合并技术在多尺度上实现的。该方法为彩色纹理图像的分割提供了一个通用框架。Wang 等[82]在 JSEG 算法的框架下,提出了基于自适应 Mean Shift 过程预测的高斯混合模型的颜色分类方案,可以自动分类颜色种类。

(3) 基于边缘的分割方法

最简单的基于边缘的分割方法是各类边缘检测技术,该类方法试图通过检测不同区域的边缘来解决图像分割问题。基于动态轮廓模型(Active Contour Model)的方法也是常见的基于边缘的分割方法,该模型由 Kass 首先提出[83]。动态轮廓线是定义在图像域的一条曲线,由内部力和外部力共同驱动其运动,当由内部能量和外部能量共同定义的能量函数达到最小时,则完成目标分割。

(4) 基于特征空间的分割方法

如果用像素的各种属性(颜色、纹理等)来表征像素样本,那么图像分割问题就可以看成样本在特征空间的聚类问题,具有类似分布的样本将被划分为同一类别。Comaniciu 和 Meer[84]提出了基于 Mean Shift 的特征空间聚类算法,可用于彩色图像分割,是一种使用基于核函数所估计的概率密度梯度方向的模式寻优过程。由于它的无参特性,能够使其应用于许多自适应场合。直方图阈值法是灰度图像广泛使用的一种分割方法,它基于对灰度图像有这样一种假设:目标或背景内部的相邻像素间的灰度值是相似的,但不同目标或背景上的像素灰度差异较大。该属性反映在直方图上,就是不同目标或背景对应不同的峰。分割时,选取的阈值应位于直方图两个不同峰之间的谷中,以便将各个峰分开。这种思想也同样适用于彩色图像分割。

（5）其他分割方法

现有的分割方法还包括基于物理模型的方法、基于模糊技术的方法,以及基于学习的分割方法等。

3.2.2　基于 Mean Shift 的地物分割技术

Mean Shift 是近年来在图像分割中广泛使用的一项技术,它最早由 Fukunaga 等人提出[85],其最初含义正如其名,就是偏移的均值向量。随着 Mean Shift 理论的发展,其含义也发生了变化。现在所谓的 Mean Shift 算法通常指一个迭代的步骤序列,即先算出当前点的偏移均值,移动该点到其偏移均值,然后以此为新的起始点继续移动,直到满足一定的条件结束。

Mean Shift 在被提出后的很长一段时间内,并没有引起人们的注意,直到 20 年以后,也就是 1995 年,另外一篇关于 Mean Shift 的重要文献[86]才发表。在这篇重要的文献中,Cheng Yizong 对基本的 Mean Shift 算法做了推广。首先,Cheng Yizong 定义了一族核函数,使得随着样本与被偏移点的距离不同,其偏移量对均值偏移向量的贡献也不同;其次,Cheng Yizong 还设定了一个权重系数,使得不同的样本点重要性不一样。上述推广大幅度扩大了 Mean Shift 的适用范围。Comaniciu 等人[52,84]同时还将 Mean Shift 成功地运用在特征空间分析以及图像平滑和图像分割中。

（一）Mean Shift 核函数及其基本原理

给定 d 维空间 $\mathbf{R}^d$ 中的 n 个样本点 x_i，$i=1$，$\cdots$，n，在 x 点的 *Mean Shift* 向量的基本形式定义为：

$$M_h(x) \equiv \frac{1}{k} \sum_{x_i \in S_h} (x_i - x) \qquad (3-6)$$

其中，S_h 是一个半径为 h 的高维球区域，满足以下关系的 y 点的集合：

$$S_h(x) \equiv \{y : (y-x)^T (y-x) \leqslant h^2\} \qquad (3-7)$$

k 表示在这 n 个样本点 x_i 中，有 k 个点落入 S_h 区域中。此处，$(x_i - x)$ 是样本点 x_i 相对于点 x 的偏移向量；式定义的 *Mean Shift* 向量 $M_h(x)$ 就是对落入区域 S_h 中的 k 个样本点相对于点 x 的偏移向量求和然后再平均。从直观上看，如果样本点 x_i 从一个概率密度函数 $f(x)$ 中采样得到，由于概率密度梯度指向概率密度增加最大的方向，那么，Mean Shift 向量 $M_h(x)$ 指向概率密度梯度的方向。如图 3-2 所示，大圆圈所圈定的范围就是 S_h，小圆圈代表落入 S_h 区域内的样本点 $x_i \in S_h$，黑点就是 Mean Shift 的基准点 x，箭头表示样本点相对于基准点 x 的偏移向量，平均的偏移向量 $M_h(x)$ 会指向样本分布最多的区域，也就是概率密度函数的梯度方向。

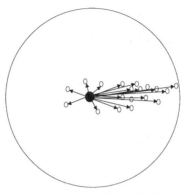

图 3 - 2　Mean Shift 示意图

从式 3 - 6 我们可以看出，只要是落入 S_h 的采样点，无论其离 x 远近，对最终的 $\boldsymbol{M}_h(\boldsymbol{x})$ 计算的贡献是一样的。然而，我们知道，一般来说，离 x 越近的采样点对估计 x 周围的统计特性越有效，因此，我们引进核函数的概念，在计算 $\boldsymbol{M}_h(\boldsymbol{x})$ 时可以考虑距离的影响。同时，也可以认为其在所有的样本点 x_i 中重要性并不一样，因此我们对每个样本都引入一个权重系数。

若 X 代表一个 d 维的欧氏空间，x 是该空间中的一个点，用一个列向量表示。令 $\parallel x \parallel^2 = x^{\mathrm{T}}x$。$\mathbf{R}$ 表示实数域。如果一个函数 $K: X \rightarrow \mathbf{R}$ 为：

$$K(\boldsymbol{x}) = k(\parallel x \parallel^2) \qquad (3-8)$$

其中，k 是非负、非增，即如果 $a < b$ 那么 $k(a) \geqslant k(b)$，k 是分段连续 $\int_0^\infty k(r)\mathrm{d}r < \infty$。则 $K(\boldsymbol{x})$ 称为核函数。如下两

类核函数经常用到:

① 单位均匀核函数:

$$F(\boldsymbol{x}) = \begin{cases} 1, & \text{if } \|\boldsymbol{x}\| < 1 \\ 0, & \text{if } \|\boldsymbol{x}\| \geqslant 1 \end{cases} \quad (3-9)$$

② 单位高斯核函数:

$$N(\boldsymbol{x}) = e^{-\|x\|^2} \quad (3-10)$$

一个核函数可以与一个均匀核函数相乘而截尾,如截尾的高斯核函数为:

$$(N^{\beta}F_{\lambda})(\boldsymbol{x}) = \begin{cases} e^{-\beta\|x\|^2}, & \text{if } \|\boldsymbol{x}\| < \lambda \\ 0, & \text{if } \|\boldsymbol{x}\| \geqslant \lambda \end{cases} \quad (3-11)$$

则可以把基本的 Mean Shift 形式扩展为:

$$\boldsymbol{M}(\boldsymbol{x}) \equiv \frac{\sum_{i=1}^{n} G_H(\boldsymbol{x}_i - \boldsymbol{x})w(\boldsymbol{x}_i)(\boldsymbol{x}_i - \boldsymbol{x})}{\sum_{i=1}^{n} G_H(\boldsymbol{x}_i - \boldsymbol{x})w(\boldsymbol{x}_i)} \quad (3-12)$$

$$G_H(\boldsymbol{x}_i - \boldsymbol{x}) = |\boldsymbol{H}|^{-1/2} G[\boldsymbol{H}^{-1/2}(\boldsymbol{x}_i - \boldsymbol{x})] \quad (3-13)$$

其中,$G(\boldsymbol{x})$ 是一个单位核函数。$\boldsymbol{H}$ 是一个正定的对称 $d \times d$ 矩阵,一般称之为"带宽矩阵"。$w(\boldsymbol{x}_i) \geqslant 0$ 是一个赋给采样点 x_i 的权重。

在实际应用的过程中,带宽矩阵 $\boldsymbol{H}$ 一般被限定为一个对

角矩阵 $\boldsymbol{H}=\text{diag}[h_1^2, \cdots, h_d^2]$，甚至更简单地被定为正比于单位矩阵，即 $\boldsymbol{H}=h^2\boldsymbol{I}$。由于后一形式只需要确定一个系数 h，因此在 Mean Shift 中常常被采用，本书也采用这种形式，因此式 3‐13 又可以被写为：

$$\boldsymbol{M}_h(\boldsymbol{x}) \equiv \frac{\sum\limits_{i=1}^{n} G\left(\dfrac{\boldsymbol{x}_i-\boldsymbol{x}}{h}\right)w(\boldsymbol{x}_i)(\boldsymbol{x}_i-\boldsymbol{x})}{\sum\limits_{i=1}^{n} G\left(\dfrac{\boldsymbol{x}_i-\boldsymbol{x}}{h}\right)w(\boldsymbol{x}_i)} \quad (3\text{‐}14)$$

由此可知，若对所有的采样点 x_i 满足：

① $w(\boldsymbol{x}_i)=1$

② $G(\boldsymbol{x})=\begin{cases} 1, & \text{if } \|\boldsymbol{x}\|<1 \\ 0, & \text{if } \|\boldsymbol{x}\| \geqslant 1 \end{cases}$

则式 3‐13 完全退化为式 3‐6。也就是说，我们所给出的扩展的 Mean Shift 形式在某些情况下会退化为最基本的 Mean Shift 形式。

（二）基于 Mean Shift 的图像平滑与分割算法

变换式 3‐14 可得

$$\boldsymbol{M}_h(\boldsymbol{x}) = \frac{\sum\limits_{i=1}^{n} G\left(\dfrac{\boldsymbol{x}_i-\boldsymbol{x}}{h}\right)w(\boldsymbol{x}_i)\boldsymbol{x}_i}{\sum\limits_{i=1}^{n} G\left(\dfrac{\boldsymbol{x}_i-\boldsymbol{x}}{h}\right)w(\boldsymbol{x}_i)} - \boldsymbol{x} \quad (3\text{‐}15)$$

且令

$$m_h(\boldsymbol{x}) = \frac{\sum_{i=1}^{n} G\left(\dfrac{\boldsymbol{x}_i - \boldsymbol{x}}{h}\right) w(\boldsymbol{x}_i) \boldsymbol{x}_i}{\sum_{i=1}^{n} G\left(\dfrac{\boldsymbol{x}_i - \boldsymbol{x}}{h}\right) w(\boldsymbol{x}_i)} \qquad (3-16)$$

给定一个初始点 x，核函数 $G(x)$，容许误差 ε，Mean Shift 算法循环执行下面三步，直至结束条件满足：

(1) 计算 $m_h(\boldsymbol{x})$；

(2) 把 $m_h(\boldsymbol{x})$ 赋给 $\boldsymbol{x}$；

(3) 如果 $\parallel m_h(\boldsymbol{x}) - \boldsymbol{x} \parallel < \varepsilon$，结束循环；若不然，继续执行步骤(1)。

由于 $m_h(\boldsymbol{x}) = \boldsymbol{x} + M_h(\boldsymbol{x})$，因此上面的步骤也就不断地沿着概率密度的梯度方向移动。同时，步长不仅与梯度的大小有关，也与该点的概率密度有关。在密度大的地方，更接近我们要找的概率密度的峰值，Mean Shift 算法使得移动的步长小一些。相反，在密度小的地方，移动的步长就大一些。在满足一定的条件下，Mean Shift 算法一定会收敛到该点附近的峰值。

用 $\{\boldsymbol{y}_j\}(j = 1, 2, \cdots)$ 来表示 Mean Shift 算法中移动点的痕迹，由式 3-15 可知，

$$\boldsymbol{y}_{j+1} = \frac{\sum_{i=1}^{n} G\left(\dfrac{\boldsymbol{x}_i - \boldsymbol{y}_j}{h}\right) w(\boldsymbol{x}_i) \boldsymbol{x}_i}{\sum_{i=1}^{n} G\left(\dfrac{\boldsymbol{x}_i - \boldsymbol{y}_j}{h}\right) w(\boldsymbol{x}_i)} \qquad j = 1, 2, \cdots \ (3-17)$$

与 $\boldsymbol{y}_j$ 对应的概率密度函数估计值 $\hat{f}(\boldsymbol{y}_j)$ 可表示为：

$$\hat{f}_K(\boldsymbol{y}_j) = \frac{\sum_{i=1}^{n} K\left(\dfrac{\boldsymbol{x}_i - \boldsymbol{y}_j}{h}\right) w(\boldsymbol{x}_i)}{h^d \sum_{i=1}^{n} w(\boldsymbol{x}_i)} \qquad (3-18)$$

如果核函数 $K(\boldsymbol{x})$ 有一个凸的、单调递增的剖面函数，那么核函数 $G(\boldsymbol{x})$ 由式 3-8 定义，可以证明序列 $\{\boldsymbol{y}_j\}$ 和 $\{\hat{f}(\boldsymbol{y}_j)\}$ 是收敛的。

Mean Shift 算法在许多领域获得了非常成功的应用，特别是在图像平滑、图像分割以及物体跟踪中，均得到了广泛应用。

一幅图像可以表示成一个二维网格点上 r 维向量，每一个网格点代表一个像素，$r=1$ 表示这是一个灰度图，$r=3$ 表示彩色图，网格点的坐标表示图像的空间信息。统一考虑图像的空间信息和色彩（或灰度等）信息，组成一个 $r+2$ 维的向量 $\boldsymbol{x} = (\boldsymbol{x}^s, \boldsymbol{x}^r)$，其中 $\boldsymbol{x}^s$ 表示网格点的坐标，$\boldsymbol{x}^r$ 表示该网格点上 r 维向量特征。

用核函数 K_{h_s, h_r} 来估计 x 的分布，K_{h_s, h_r} 具有如下形式：

$$K_{h_s, h_r} = \frac{C}{h_s^2 h_r^r} k\left(\left\|\frac{x^s}{h_s}\right\|^2\right) k\left(\left\|\frac{x^r}{h_r}\right\|^2\right) \qquad (3-19)$$

其中，h_s，h_r 控制着平滑的解析度，C 是一个归一化常数。

分别用 x_i 和 z_i，$i=1, \cdots, n$ 表示原始和平滑后的图像。对每一个像素点，用 Mean Shift 算法进行图像平滑的具体步骤如下：

①　初始化 $j=1$，并且使 $y_{i,1}=x_i$；

②　运用 Mean Shift 算法计算 $y_{i,j+1}$，直到收敛，记收敛后的值为 $y_{i,c}$；

③　赋值 $z_i=(x_i^s,y_{i,c}^r)$。

在基于 Mean Shift 的图像平滑中，式中的 h_s，h_r 是非常重要的参数，人们可以根据解析度的要求而直接给定，不同 h_s，h_r 会对最终的平滑结果有一定的影响。基于 Mean Shift 的图像分割与图像平滑非常类似，只需要把收敛到同一点的起始点归为一类，然后把这一类的标号赋给这些起始点。此外，在图像分割中有时还需要把包含像素点太少的类去掉。

3.2.3　视频场景地形地物的分割

通过图像分割及交互干预等技术，可以得到不连续地物分界线，为生成完整的特征线，需要在分界线点集中选取合适的点并建立相应的连接关系。借鉴部分学者的相关方法，由用户输入一个半径值 γ_{max} 来控制特征折线的精度，再用 PCA 方法完成特征折线的生成[87]。

首先，将特征点集中的边点按其离最近角点的距离加入优先队列（距离最大的边点最为优先）。然后，每次从优先队列中取出一个边点 p 作为特征折线生长的"初始生长点"，选取"初始生长点"半径 γ_{max} 内的邻点 $NBHD(p)$ 进行主元分析，取 $NBHD(p)$ 协方差矩阵的最大特征值对应的特征向量作为主轴矢量，再将 $NBHD(p)$ 内的每个点都投影到 p 点和主轴矢量确定的直线上，取投影最远的两个远端点作为新的"生长点"，同时将 $NBHD(p)$ 内的点从优先队列中删除。接着，从新的"生长点"开始继续进行下一个"生长点"的检测。当检测不到新的"生长点"时，证明该条特征折线"生长"完毕。重新从优先队列中选取"初始生长点"，开始生成新的特征折线，直至优先队列为空。

要得到光滑的特征线，还必须对特征折线进行优化处理，包括特征折线端点间裂缝的修补、特征折线扰动的滤除。

特征折线间可能会出现不必要的断裂。为修复这些裂缝，本书算法遍历每条特征折线的端点，并将其与在一定有效空间内的其他特征折线点连接起来，生成新的角点，从而将两条或者多条特征线连接成一条特征线。

特征折线的每个端点都有一个有效连接空间[88]，该空间为由一个距离阈值 $\alpha\gamma_{max}$ 以及特征线端点切向 T 和一个预设的角度 μ 定义的锥体空间。T 可通过计算特征线每端最后四个节点的三次多项式拟合求得，或者直接用特征折线最后一段的方向作为端点的切向。给定一个特征折线端点 P，其有效连接空间内存在一特征点 Q，如果 Q 是另一条特征线的端点，且两个端点的切向方向相反，即 $T_q \cdot T_p < 0$，则将两条特征线的端点连接起来合并成为一条特征线。当 Q 点是另一

条特征线的中间节点,则连接 P 和 Q,并将 Q 点标记为新的角点。当 P 的有效连接空间内不存在特征点,则表示 P 点为该特征线的一个结束点,不需要进行连接处理。

为滤除噪声对特征折线的扰动,从而使特征线更为平滑,还需要对特征线进行松弛平滑处理。具体算法为:给定一条特征线 $\mathfrak{R} = \{Q_0, \cdots, Q_k\}$,首先固定 Q_0 点和 Q_2 点,然后在 Q_0,Q_1,Q_2 确定的平面上按照 $\triangle Q_0 Q_1 Q_2$ 面积不变的原则,对 Q_1 点的位置进行调整,使其位于 Q_0 和 Q_2 的中垂线上。接着,再将 Q_1 点和 Q_3 点固定,调整 Q_2。如此,直至调整完 $\mathfrak{R}$ 特征线的所有中间点。

视频中各帧地物分割需要结合单帧地物分割结果以及帧间的连贯性等多种要素完成。对于单帧场景图像,将采用上述方法完成分区边界线的获取,最终得到由封闭分界线隔离开来的一个个独立区域。为不同区域指定不同 ID,输入各类属性信息,完成单帧的地物分割。对于视频中的不同帧,在单帧分割结果之上利用反求得到的相机运动参数,这样可以直接在相邻帧间找到对应。先前帧的分割结果可以为后续帧无明显分割特征线区域提供最有利参考,减少分割的交互工作量。此外,由于误差等原因,帧独立分割边界与从上帧继承的边界会产生不一致的现象。此时,需要借助本节上述工作再行优化平差,直至获得满意结果。

我们选择了一处自然场景进行特征线恢复实验,其中图

3-3为原始自然视频的某帧,图3-4为分区图,其中的各特征线由矢量表示,并进行了平滑处理。

图3-3　自然视频场景截屏　　　图3-4　自然视频场景分区截屏

扫码看彩图

3.3　梯田几何信息的提取

梯田是我国中西部地区地理环境中最为常见的基本地物,梯田几何信息的获取对于提高视频场景的真实度和拓展视频虚拟地理环境实际应用都具有现实意义。

梯田是在坡地上分段沿等高线建造的阶梯式农田,是沿山坡开辟的梯状田地,每一级边缘筑有埂堰,可防止水土流失。梯田是治理坡耕地水土流失的有效措施,其蓄水、保土、增产作用十分显著。其按田面坡度不同分为水平梯田、坡式梯田等。坡式梯田又可分为反坡梯田和坡式梯田。反坡梯田是水平阶整地后坡面外高内低的梯田。反坡面坡度视荒山坡度大小而异,一般为$3°\sim15°$,坡陡面窄者反坡度较大,反之较小。田面宽 1.5～3 m。长度视地形被碎程度而定。埂外坡及内侧坡均为 60°。反坡梯田能改善立地条件，蓄水保土，适用于干旱及水土冲刷较严重而坡行平整的山坡地及黄土高原，但修筑较费工。坡式梯田是指山丘坡面地埂呈阶梯状而地块内呈斜坡的一类旱耕地，它由坡耕地逐步改造而来。本书重点讨论水平梯田的几何形状恢复方法。

本书采用二维照片和三维信息融合的方法提取梯田模型。通过立体视觉方法可以获得梯田的深度数据。但是，这些三维数据又往往是稀疏、嘈杂、不完整的。对此，我们首先将照片分解为平面片段，通过求解一个多标记分配问题扩散稀疏的深度信息。最后，产生具有纹理的梯田模型。

具体步骤如下：

（1）借助本章上节方法，完成图像的分割；

（2）利用 RANSAC 方法从深度图像中抽取平坦区域，通过聚类平面方向并选择平坦区域主导的三个正交聚类，估计三个主方向；

（3）依据山坡走向以及平坦区域重复模式确定是否为梯田结构，加以识别保存；

（4）记录对应图像的位置，生成纹理坐标，实现二维三维的融合。

虽然可采用梯田全自动检测方法，并进行二三维数据融合。但是，本书采用用户引导、初始标记的方法，以便早期检测虚假信息,提高梯田结构恢复的效率和准确度。

我们在试验区获取了梯田近距视频,借助本书方法将其三维几何进行了恢复。其中,图 3-5 为具有特征点的梯田视频截屏,图 3-6 为特征点及摄像机轨迹的三维视图,图 3-7 展示了利用 Mean Shift 方法的分片结果,图 3-8、图 3-9 为三维几何恢复结果的网格模型和纹理模型,图 3-10 和图 3-11 是保持视频原有视角和新视点的具有场景结构的视频截屏图。

扫码看彩图

图 3-5　具有特征点的梯田场景二维视图

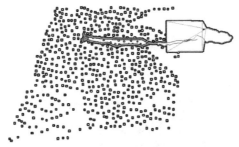

图 3-6　梯田场景中特征及摄像机轨迹三维视图

扫码看彩图

图 3-7 梯田场景 Mean Shift 分片图

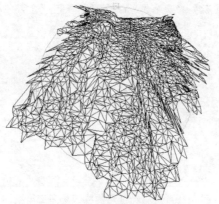

图 3-8 梯田的三维网格模型

图 3-9 具有纹理的梯田三维模型

扫码看彩图

图 3-10 原视点结构视频截屏

图 3-11 新视点结构视频截屏

3.4 本章小结

本章介绍了局部坐标与经纬度的转换模型,针对视频场景的地物分割设计了切实可行的算法。同时,针对梯田这一特殊的地物,介绍了其三维结构恢复的详尽方法,并给出了具体实例。

4 地理信息的图像检索

4.1 引言

基于内容的图像检索(Content-Based Image Retrieval,CBIR),是依据图像内容进行图像相似度匹配的检索。选择图像"内容"的合理表示方式的好坏,是检索判断能否有效的关键。早期的视觉特征主要是一些颜色、纹理等全图特征。每张图对应高维特征空间中的一个点,特征空间的维数由相应的特征类型决定,图像之间的相似度由对应的特征在特征空间中的某种距离决定。

一般来说,图像的表示主要是通过将图像抽象为不同的图像特征值来实现的。图像特征又可分为领域相关的特征(如人脸特征、指纹特征等)和领域无关的特征。领域相关的特征在模式识别相关领域中有较多的研究,并且依赖于许多领域相关的知识。本书的工作主要是针对通用图像库的检索,因此在这里主要是对与领域无关的特征进行介绍。领域无关的全图特征主要分为颜色和纹理两种,下面将对此分别进行讨论。

4.1.1　颜色特征

颜色特征是图像检索中使用最广泛也是最有效的视觉特征,由于颜色对平移、旋转变换具有不变性,表现出相当强的鲁棒性,因此在图像检索中得到了广泛应用。

颜色直方图是最通常的颜色特征表达方法。1991 年,Swain 和 Ballard 提出了颜色检索奠基性工作[89],其基本思想和算法是将直方图相交- L_1 度量法作为颜色直方图的相似度量。

为了能够正确反映不同颜色之间的相似性关系,相关研究在 QBIC 系统之中引入 L_2 度量法[90],即二次型距离 $d^2(\boldsymbol{x}, \boldsymbol{y}) = (\boldsymbol{x} - \boldsymbol{y})^{\mathrm{T}} \boldsymbol{A} (\boldsymbol{x} - \boldsymbol{y})$(其中,$\boldsymbol{x}$,$\boldsymbol{y}$ 为颜色空间中的向量,$\boldsymbol{A}$ 为颜色相似性矩阵)。另外,Rubner[91] 也提出了一种变长的紧凑的颜色表示方法及相应的距离范式(Earth Mover's Distance,EMD)。EMD 可以有效解决相关性的问题,它在计算机视觉的其他领域也有很好的应用。

1995 年,Mehtre 等人提出了基于参考颜色表的颜色直方图[92]。即首先规定了一个有 n 种颜色的参考颜色表,然后将图像中各像素的颜色分类到相应颜色中,最后统计出基于参考颜色表的三维颜色直方图。但这种方法要求具有图像库色彩分布的先验知识,而且当图像库中图像增删时,都会影响参考颜色表。所以，Kankanhalli 在此基础上又提出了基于聚类颜色直方图的方法[93]。

国内也有一些研究者对色彩直方图做了进一步的研究，如局部累加直方图[94]，全局参考颜色表和自带参考颜色表[95]，颜色对直方图[96]，扩展主色调[97]等。有研究者尝试对 HSV 空间进行非均匀量化，提出一种 36 维的直方图[98]，该方法具有存储量小、计算简便的优点。另外，还有人对基于色彩的图像检索方法做了综述[99]。

为了能够在大规模图像数据集中进行快速检索，Smith 和 Chang 等人提出了颜色集的概念[100-101]（一种简化形式的直方图）。首先，将色彩从 RGB 色彩空间转化到 HSV 色彩空间，然后量化为 M 个色彩条。颜色集被定义为量化后的色彩空间中颜色的一种选择。由于颜色集特征向量是二叉的，因而可以通过构建二叉树来进行快速检索。

除了颜色直方图外，还有颜色矩等表示颜色的特征。1995 年，Stricker 和 Qrengo 采用颜色矩（Color Moments，CM）[102]来描述图像中的色彩分布。颜色矩的数学基础是任何颜色分布均可由它的矩来刻画，并且由于大部分信息集中在低阶矩上，因而只提取一阶矩（均值）、二阶矩（方差）和三阶矩（偏度）作为颜色特征表示。

若一幅图像有 N 个像素，点（i，j）的颜色值为 P_{ij}，则可按照下列公式计算三个颜色矩特征：

$$u_i = \frac{1}{N} \sum_{j=1}^{N} P_{ij} \qquad (4-1)$$

$$\sigma_i = \left[\frac{1}{N} \sum_{j=1}^{N} (P_{ij} - u_i)^2 \right]^{\frac{1}{2}} \qquad (4-2)$$

$$s_i = \left[\frac{1}{N} \sum_{j=1}^{N} (P_{ij} - u_i)^3 \right]^{\frac{1}{3}} \qquad (4-3)$$

通过分别计算三个颜色维度的矩特征,就可以得到一个九维的颜色特征,维数低(三维)是颜色矩的突出优点。

上面提到的颜色特征都忽略了一个重要的信息——空间信息。为了把空间信息引入颜色表示中,Pass 等提出了色彩连通矢量(Color Coherence Vector)特征[103]。该方法根据像素是否是某个相似色彩区域的一部分,把像素分成连通和不连通两类,这样在同一颜色中,分布分散的像素就能与分布集中的像素区别开来,从而改善局部色彩特征的表示。

Huang 等提出了颜色相关直方图(Color Correlogram)的特征提取方法[104]。颜色相关直方图是基于通过色彩对索引的表,如(i, j)行的 k 项表示在色彩为 i 的像素 k 距离处,找到色彩为 j 的像素的可能性。为了减少计算量,可以采用颜色自相关直方图(Auto Correlogram,AC),即只统计在 k 距离远处找到同一色彩像素的概率。如果在 RGB 空间中将色彩均匀量化为 64 色,分别求 $k = \{1, 3, 5, 7\}$ 时的色彩相关值,则得到一个 $64 \times 4 = 256$ 维的特征。实验结果表明,这种方法较传统的颜色直方图方法在查准率方面更为鲁棒[105]。

4.1.2 纹理特征

作为物体的一个重要特征,纹理也是基于内容检索的一条主要线索。图像的纹理指图像像素灰度级或颜色的某种变化,而且这种变化是与空间统计相关的。纹理特征由两个要素构成:(1)纹理基元;(2)基元的排列。纹理基元是一种或多种图像基元的组合,有一定的形状和大小。纹理是由纹理基元排列而成的。基元排列的疏密程度、周期性、方向性的不同,能使图像的外观产生极大的改变。

因此,纹理分析应包括两方面的内容:检测出纹理基元和获得有关纹理基元排列分布方式的信息。如果在不知道纹理基元或尚未检测出基元的情况下进行纹理分析,那么只能从最小基元——像素开始建立纹理特征的模型,这种方式被称为"纹理的模型分析"。在已知基元的情况下进行的纹理分析,被称为"纹理的结构分析"。对应于上述两种纹理分析方式,纹理分析方法大致上可分为统计方法和结构方法。统计方法被用于分析像木纹、沙地、草坪那样纹理细密而且不规则的物体。结构方法则适用于像布料的印刷图案或砖花样等纹理基元及其排列较规则的图像。

早期,对纹理的研究是从结构方法这个角度开展的。从20世纪70年代开始,基于二阶灰度统计特征的统计方法得到了广泛的研究。在 20 世纪 70 年代早期，Haralick 等提出了关于纹理特征的共生矩阵表示[106]。该方法研究的是灰度级纹理的空间依赖关系，首先根据图像像素之间的方向和距离构造一个共生矩阵，然后从该矩阵中提取出有意义的统计信息作为纹理表达。Haralick 等从灰度共生矩阵中提取了 14 个纹理特征，并将其用于卫星图像纹理的识别。这一方法也是当前人们公认的一种重要的纹理分析方法。

基于人类对纹理的视觉感知的心理学研究，Tamura 等人发展了对视觉纹理特征的近似计算[107]，这在心理学上非常重要。这六个视觉纹理特性分别为：粗糙度（coarseness）、对比度（contrast）、方向度（directionality）、线象度（linelikeness）、规整度（regularity）和粗略度（roughness）。Tamura 的纹理表达和共生矩阵表示的主要区别是：纹理特性在视觉上是有意义的，而共生矩阵中的某些纹理特性（比如嫡）则不然。由于 Tamura 纹理表达的这些优点，它被应用于许多图像检索系统之中，如 QBIC 系统[90]和 MARS 系统[108]。

基于模型的方法与滤波的方法也是纹理分析中的重要方法。基于模型的方法中有分形模型[109]、马尔可夫随机场（Markov random field）模型[110]、Wold 模型[111]等，滤波的方法有 Gabor 滤波器[112]和小波变换[113]等。

4.1.3　距离度量

图像的特征矢量可以被看作是高维特征空间中的点。比较两幅图像的相似程度,即计算它们特征向量之间的距离。距离越小,则认为图像越相似。假设两个 d 维的特征向量 $\mathbf{F} = [f_1, f_2, \cdots, f_d]$ 和 $\mathbf{F}' = [f'_1, f'_2, \cdots, f'_d]$,常用的几何距离有 Minkowski 明氏距离和 Mahalanobis 马氏距离。

Minkowski 明氏距离:

$$D(\mathbf{F}, \mathbf{F}') = \left(\sum_{k=1}^{d} | f_k - f'_k |^q \right)^{1/q} \qquad (4-4)$$

当 $q=1$ 时,为 Cityblock 街区距离,又称 L_1 距离;当 $q=2$ 时,为 Euclidean 欧氏距离,又称 L_2 距离。

对于大多数颜色特征,如颜色直方图或颜色自相关直方图,它们的分量都是相互独立且同等重要的,所以特征向量之间的距离由 L_1 或 L_2 距离计算即可。但对于纹理特征,则往往需要使用一些复杂的距离度量。

Mahalanobis 马氏距离:

$$D^2(\mathbf{F}, \mathbf{F}') = (\mathbf{F} - \mathbf{F}')\mathbf{C}^{-1}(\mathbf{F} - \mathbf{F}')^{\mathrm{T}} \qquad (4-5)$$

当特征向量的分量之间有依赖关系,各分量有不同的重要性时,常用马氏距离来度量。其中,$\mathbf{C}$ 是特征向量的协方差矩阵。如果特征分量之间相互独立,协方差矩阵 $\mathbf{C}$ 为对角阵,马氏距离简化为:

$$D(\mathbf{F}, \mathbf{F}') = \sum_{k=1}^{d} \left| \frac{f_k - f'_k}{\sigma_k} \right| \qquad (4-6)$$

其中，σ_k 是第 k 维特征分量的方差。

考虑这样一个数据处理系统(可以是语言信号数据、图像数据处理系统等)，它要求系统输入数据是实值向量，该系统只在每个输入数据的维数不太高时才能有效地工作。而当向量维数达到一定维数时，就必须采取一定的措施才能使系统处理这些数据和正常工作，这类措施就是我们现在越来越多提及的降维。影像图像检索效率和精度低的一个重要原因，是图像特征空间的维数过高。为提高算法的性能，有必要对图像进行降维处理。本节专门对有关图像降维技术的相关知识做了一个概要性的介绍。

4.2　地理图像的维数之惑

4.2.1　高维空间的维数祸根

维数祸根[114]的概念是由 Bellman 在 1961 年提出的。他发现在给定逼近精度的条件下，估计一个多元函数所需的样本点数随着变量个数的增加以指数形式增长。这个结论对高维数据统计方法的影响是深远的。例如，大多数的密度光滑函数是基于观察数据的局部均值，但由于维数祸根导致高维数据空间非常稀疏，为保证精度必须寻找足够多的点，从而要多元光滑函数延伸到很远的地方而失去了局部性。所有的降维方法都会在某种程度上受到维数祸根现象的影响。

高维空间体现出许多在低维空间无法想象的特殊性[115]，最显著的就是高维空间中的数据分布是稀疏的。

维数祸根现象是由低维空间的维数 E 支配，而不是由数据空间的维数 D 决定。这是因为实际需要的样本依赖于需要建模的流形所占的体积决定，因而由低维空间的维数 E 决定，而不是由它所嵌入的高维空间的维数决定，所以样本数满足 $O(e^E)$。

（1）高维超球的体积集中在外壳上

记 $\mathbf{R}^d$ 空间中半径为 r 的超球体的体积为：

$$V_d(r) = \frac{2r^d \pi^{d/2}}{d\Gamma(d/2)} \qquad (4-7)$$

$\forall\, 0 < \varepsilon < r$，有 $f(d) = \dfrac{V_d(r) - V_d(r-\varepsilon)}{V_d(r)} = 1 - (1 - \varepsilon/r)^d$

于是，可以得到：

$$\lim_{d \to \infty} f(d) = \lim_{d \to \infty} \frac{V_d(r) - V_d(r-\varepsilon)}{V_d(r)} = 1 \qquad (4-8)$$

由式可以看出，当维数很高时，超球的外壳部分体积几乎等于整个球体的体积。这使得大多数多元密度估计方法无法得到准确的结果，因为密度相对低的区域占了分布的很大一部分，而密度高的区域却缺乏足够的观测值。

（2）正态分布的胖尾现象

当维数增加时，数据将集中在离原点距离为 $\sqrt{d}$ 的地带，数据样本到坐标原点的距离越来越远。因而在高维空间中,数据的拖尾显得更加严重。例如,对一维正态分布,在一个标准偏差的范围内能含有 70% 的质量;而对于十维的正态分布而言,同样半径大小的超球却只含有 0.02% 的质量。因此,与我们的直觉相反,高维分布的拖尾要比一维情形重要得多,因而不能被轻易地忽略。

(3) 本征维数

高维空间数据的本征维数[116],是指数据所在低维流形的维数。例如,三维欧氏空间中的一条曲线的本征维数是 1。给定一个高维数据集合,要通过数据集本身的特性来确定数据的本征维数。在实际中由于各种因素的影响,如观察噪声和测量工具的不完善、不相关因素的干扰等,使得我们观察到的现象将会表现出更多的自由度。如果假设这些影响并不足以掩盖原来的真实结构,那么我们有可能把它们"过滤"掉,从而来发现隐藏在观察值下的真实变量。要想通过观察数据得到十分准确的本征维数是非常困难的,通常只能得到本征维数的估计值。从实用的角度来看,降维的出发点是在保留原结构信息的条件下尽可能地降低数据维数、简化高维数据的表示。因而,对于本征维数不一定要求非常精确的估计,能够显著降低维数为后续工作提供便利即可。虽然本质上来说,一个结构的本征维数是确定的,但是在各种主观和客观因素的干扰下,难以给出一个普遍适用的可操作定义,这无疑给降维的实现增添了困难。"对观察数据进行建模所需独立变量的最少个数"也许是一个更实用的定义。

对于降维问题而言，本征维数是一个需要估计的未知量。但是，目前所有的降维方法都把本征维数当作需要使用者提供的参数。为了获得令人满意的对本征维数的估计，就需要一个不断调整、检验的过程，这其中显然包含了大量的主观因素。

4.2.2 非线性降维

假设，我们得到 D 维空间上的一个(实向量)样本集 $\{t_i\}_{i=1}^{N}$。高维数据实际上位于一个维数比数据空间的维数小得多的流形上。降维的目的就是获得这一流形的低维的坐标表示。

定义降维问题的模型为 (T, F)，$T = \{t_i\}_{i=1}^{N}$ 是 D 维空间中的数据集合(一般是 $\mathbf{R}^D$ 的一个子集)；映射 $F := T \to X \subset \mathbf{R}^E, E \ll D, t_i \mapsto x_i = F(t_i)$，称为 D 维数据集 T 到 E 维数据集 X 的嵌入映射。

高维数据可以降维的本质原因，是原始表示常常包含大量冗余。此外，很多变量与其他变量有很强的相关性，寻找一组新的不相关变量也可以起到降维作用。这些冗余信息在处理时常常消耗过多的系统开销，在许多情形下可以从一定程度上剔除这些冗余信息，从而获得更加经济的表示方式。

根据降维映射形式的不同，可以对降维进行线性和非线性的划分。设样本 $x=(x_1, x_2, \cdots, x_d)^T$ 是高维空间 $\mathbf{R}^d$ 中的向量，通过下面的降维映射：

$$\boldsymbol{F}(\boldsymbol{x})=\begin{Bmatrix}F_1(x)\\F_2(x)\\\vdots\\F_e(x)\end{Bmatrix}=\begin{Bmatrix}F_1(x_1, x_2, \cdots, x_d)\\F_2(x_1, x_2, \cdots, x_d)\\\vdots\\F_e(x_1, x_2, \cdots, x_d)\end{Bmatrix} \quad (4-9)$$

得到低维空间 $\mathbf{R}^e$ 中的向量 $y=(y_1, y_2, \cdots, y_d)^T$。若 $\boldsymbol{F}$ 的每个分量 F_i 都是 x 的线性函数，则称 $\boldsymbol{F}$ 为线性降维，否则称之为非线性降维。

降维方法是指构造降维映射 $\boldsymbol{F}$，获得高维数据的低维表示的方法。线性降维方法有主成分分析方法（Principle Component Analysis）、线性判定分析方法（Linear Discriminant Analysis）等。这一类方法适用于处理线性结构，思想简单直观、计算方便，是被广泛使用的降维方法，但它们对于解决非线性程度较高问题的效果不好。能够实现非线性降维的方法包括局部线性嵌入（Locally Linear Embedding，简称 LLE）、拉普拉斯特征映射方法（Laplacian Eigenmap，简称 LE）等。这类方法适用于处理高度非线性结构处理时不曾遇到的困难。从 2000 年开始，国际上陆续提出了一些基于流形学习的非线性降维算法，本章重点介绍拉普拉斯特征映射(LE)。LE算法的优点是在维数剧烈缩减时，可以最大限度地保留数据的局部结构，而这些局部结构在图像检索时往往比全局结构更有价值。

4.3 地理图像的流形构建

信息时代的发展带来了数据集的深刻变化。数据集具有更新速度更快、维数更高、非结构化及数据增长率高等特点。如何高效发现隐藏在数据集中的内在规律，进而对数据进行简单有效的描述，成为目前亟需解决的问题。把外界的感知看作是高维空间上的点集，而外在的感知数据可能会有较强的相关性，通常可嵌入在一个低维流形上。基于此，出现了揭示数据流形结构的流形学习算法。流形学习以微分几何为基础，主要目的是发现嵌入在高维数据中的低维流形，近年来已成为模式识别领域中被广泛研究的特征提取方法。在算法层次上，流形学习保持的是数据间的几何关系及距离测度，因此在数据表征方面，相对于传统的如主成分分析、多维尺度分析等特征提取方法，具有更强的优势。

早在1996年，就有学者提出了图像中存在本征维数的现象。2000年，Seung等[117]在Science上提出"人的感知以流形形式存在"这一论断，从神经生理学和认知学的角度支持了图像是高维流形这一观点。不久后，在Science上出现了流形学习的经典算法，如等距映射(Isometric Map, ISOMAP)[118]、局部线性嵌入(Locally Linear Embedding，LLE)[119]、拉普拉斯特征映射(Laplacian Eigenmap，LE)[120]等。近年来，随着研究的深入，又出现了局部切空间排列(Local Tangent Space Alignment，LTS)[121]、Hessian 特 征 映 射 (Hessian Eigenmap)[122]以及扩散映射(Diffusion Map)[123]等。在非线性结构数据表征方面，流形学习算法体现了非常好的效果，但传统的流形学习算法泛化能力较差，不能直接获得测试数据的低维映射结果，影响了算法的实时性，不能直接应用于实践。

为提高算法对新样本数据的适应能力，考虑在保持数据流形结构的基础上寻找合适的线性变换，将测试数据直接映射至低维子空间。经典的保局投影就是在该思想基础上提出的，它是拉普拉斯特征映射的线性化算法，该算法的提出带来了流形学习算法的另外一个突破。随之，又出现了如等度规映射(Isometric Projection，IsoProjection)[124]、邻域保护嵌入(Neighborhood Preserving Embedding，NPE)、局部保局投影(Locality Preserving Projections，LPP)、非监督判别映射(Unsupervised Discriminant Projection，UDP)[125-126]以及线性局部切空间排列(Linear Local Tangent Space Alignment，LLTS)等算法。这些算法是传统非线性流形学习算法的线性化版本，可以称其为流形学习子空间算法。这些线性化的算法在保持样本流形结构的同时，都可以直接获得低维子空间的转换矩阵,子空间的维数和对应的向量集反映了图像类别的差异,在图像检索等模式识别领域获得了较优的效果。

（1）流形的定义

流形是微分几何的一个基本概念,它是欧氏空间的推广,是一块块"欧氏空间"粘起来的结果。

流形有以下定义[127]:

定义1　设 M 是一个拓扑空间,M 是一个 n 维流形时需满足以下两个条件:

（a）M 是 Hausdorff 空间;

（b）M 是局部欧氏结构,即 M 内的任意点 P,都存在 P 点的开邻域 U 和映射 φ_U,使得映射 $\varphi_U:U \to \varphi(U) \subseteq \mathbf{R}^n$ 为同胚映射,则称 M 是一个 n 维拓扑流形。

由定义不难得出,n 维拓扑流形的任意非空开子集也是 n 维拓扑流形。粗略地说,微分流形就是一类可以进行微分运算的拓扑空间。

定义2　假定 M 与 N 是两个光滑流形,若存在光滑映射 $\varphi:M \to N$,使得:

（a）φ 是单一的;

（b）任意一点 $p \in M$,切映射 $\varphi:T_P(M) \to T_{\varphi(P)}(N)$ 在点 $p \in M$ 处是单一映射,则称 (φ, M) 是 N 的一个光滑子流形(嵌入子流形)。

（2）流形学习的定义

根据"流形"在微分几何中的概念，流形学习的研究最早可以追溯到 1984 年 Hastie 提出通过数据集"中间"结构的主流形概念，包括一维主曲线和二维主曲面。假设数据是均匀采样于一个高维欧氏空间中的低维流形，流形学习就是从高维采样数据中恢复低维流形结构，即找到高维空间中的低维流形，以实现维数约简或者数据可视化。它从观测到的现象中去寻找事物的本质，找到产生数据的内在规律。

关于流形学习的数学定义，国内外学者比较认可的是由 Silva[128] 提出的，即设 $Y \subset \mathbf{R}^d$ 是一个低维流形，$f:Y \rightarrow \mathbf{R}^D$ 是一个光滑嵌入，其中 $D>d$。数据集 $\{y_i\}$ 是随机生成的，且经过 f 映射为观察空间的数据 $\{x_i = f(y_i)\}$。流形学习就是在给定观察样本集条件下重构 f 和 $\{y_i\}$。如图 4-1 所示，该图形为嵌入在三维空间中的二维流形。

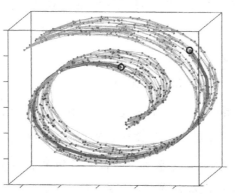

扫码看彩图

图4-1　嵌入在三维空间里的二维流形

流形学习算法一般需要解决以下几个问题：

（a）内在维数 d 的估计。即计算嵌入在高维观测空间中的低维流形的内在维数。内在维数是指描述数据集所需要的独立特征的最小数目。谱方法中的流形学习常常采用特征变化的拐点来估计内在维数，算法大多是后验的方法，是通过多次实验统计得到的。实际上，目前已有一些独立于流形学习的内在维数估计方法，如最近邻域法[129]、分形维[130]、Packing 数[131]、测地线最小生成树[132]，等。

（b）邻域个数选择。在流形学习算法中，一般需要构建数据集的近邻结构图，需要选择每个样本的近邻个数，而近邻图的信息直接反映了数据的流形分布。同内在维数的选择类似，当前邻域个数的选择也是后验的，是通过多次实验统计得到的。因此，邻域个数选择也是流形学习算法需要解决的问题。

（c）计算低维坐标。这是流形学习算法必须解决的基本问题，需要根据算法计算出已知观测数据集的对应低维坐标。另外，也需要方便快捷地计算出测试数据点的低维表示。

（3）流形学习谱分析算法

经典的线性降维算法建立在全局线性和属性相互独立的基础上，忽略了隐藏在图像中重要的、非线性的、属性相关的因素。而大量从事机器学习及神经计算的研究者发现，嵌入在高维数据中的低维非线性子流形可能保存有更多的图像特征信息及内在规律。

谱分析方法是数学领域里的一种经典分析方法，是利用流形结构来描述整体，目的在于通过建立一定的目标函数优化准则来计算数据集内在的低维子流形。算法首先根据输入样本数据集得到样本点间相似度关系矩阵。然后，根据此矩阵引入一定优化准则转化为特征值和特征向量的求解问题；最后，选择合适的特征向量，将原始数据投影至低维空间以获得数据的低维嵌入坐标。

基于谱分析方法的非线性流形学习算法包括等距映射、局部线性嵌入、Laplacian 特征映射等等。

Laplacian 特征映射是一种保留数据集局部几何结构的流形学习算法，其基本思想是在原始高维空间中距离很近的点在投影至低维空间后仍保持数据点间的近邻关系。Laplacian 特征映射利用了流形上 Laplacian-Beltrami 算子的性质来计算原始高维数据集样本的低维嵌入。

Laplacian 特征映射用一个近邻图来模仿样本的局部几何结构。在算法实现中，首先构造一个邻域图 G，通过计算图拉普拉斯算子的广义特征向量得到低维嵌入结果。

对于高维空间的数据集 $X = \{x_i\}_{i=1}^{n} \in \mathbf{R}^D$，要获得其在 d 维空间中的嵌入坐标，具体的算法过程可描述如下：

①构造 k 近邻图 G。

②定义邻接权值矩阵 W。有两种方法构造权值矩阵：

（a）热核法（Heat Kernel）。如果点 i 和点 j 在近邻图 G 中有边相连，则两点间的权值设为：

$$W_{ij} = \exp(-t^{-1} \parallel x_i - x_j \parallel^2) \quad (4-10)$$

（b）简单方法。如果点 i 和点 j 在近邻图 G 中有边相连，则边上的权值设为 1，否则设为 0。

③特征映射。假设图 G 为连通图（否则对每一个连通部分分别计算），构造目标函数：

$$\begin{cases} \min \boldsymbol{L}(\boldsymbol{Y}) = \dfrac{1}{2} \sum_{i,j} (y_i - y_j)^2 W_{ij} = \mathrm{tr}(\boldsymbol{YLY}^{\mathrm{T}}) \\ st. \ \boldsymbol{YDY}^{\mathrm{T}} = \boldsymbol{I} \end{cases}$$

$$(4-11)$$

其中，$\boldsymbol{Y} = (y_1, y_2, \cdots, y_n)$，$D_{ij} = \sum_j W_{ij}$，$\boldsymbol{L} = \boldsymbol{D} - \boldsymbol{W}$ 为拉普拉斯矩阵。拉普拉斯矩阵为实对称的半正定矩阵，采用拉格朗日乘数，计算拉普拉斯矩阵 $\boldsymbol{L}$ 的 $d+1$ 个最小特征值所对应的特征向量 $\{u_1, u_2, \cdots, u_{d+1}\}$，则嵌入在低维空间上的坐标可表示为 $\boldsymbol{Y} = [u_1, u_2, \cdots, u_{d+1}]^{\mathrm{T}}$。

4.4 地理位置的图像检索实例

图像检索的检索接口相对简单，输入待检索图像，能够输出最接近视频画面的对应位置及其他信息。检索处理主要解决两方面的问题：一是用户检索请求的表达；二是能够利用用户表达,构造适当的检索条件,完成图像检索。主要包含两个模块:检索请求分析功能部件和检索匹配算法。同时,在用户进行检索时,应当完成简单的检索数据统计,并利用用户检索的反馈结果进行训练,以提高检索效率和精度。

具体步骤描述如下:

(1)计算检索库的特征向量,包括颜色直方图和方向直方图的构建。

① 颜色直方图的构建;

② 将图像进行边缘提取,统计图像内边缘的总长度,并将边缘按照走向进行分类,极角每10度为一类,共划分36类。

(2)流形曲面的构建。充分考虑视频流的恢复信息,除了在特征空间中特征向量较近的帧之间建立邻接外,尚需对视点接近的各帧同样建立邻接关系。

(3)特征空间降维。利用 Laplace 特征映射,将高维数据降维。降维结束后,准备工作完成。

(4)对于检索的数据,可参照步骤(1)的方法,建立颜色直方图和方向直方图。

(5)计算检索样本低维空间的特征值,并依照给定的判据给出搜索结果。通常会有若干个搜索结果,需要用户在若干候选对象中交互选出目标。此时,将该图像对应的地理位置反馈给用户,完成检索。

(6)通常需要将新的交互结果信息加入搜索库,并调整

Laplace 特征映射，从而起到相关反馈、逐步优化的作用。

　　采用本章算法设计了原型系统，并拍摄试验区地理视频及待检图像，在我们的原型系统上进行了验证。原型系统的检索引擎采用本章的基于流形学习的图像内容检索方法。此处，流形学习采用 Laplace 特征映射算子。图像特征选用边缘方向直方图和颜色直方图两类性质，构造了 292 维的特征。待检图像是试验区内随意拍摄的一张图像（图 4‑2），利用本章方法设定低维特征空间距离阈值后，从视频库中搜索出如图 4‑3(a~f)所示的六幅图像，供人工选择之用。根据图像在视频中的位置，可以获得该帧所对应的地理位置信息及其他属性。

扫码看彩图

图4‑2　待检地理位置的图片

图 4-3 地理场景检索结果

扫码看彩图

4.5 本章小结

本章介绍了图像检索的相关工作,并对主要的流形学习算法做了阐释。鉴于地理图像受季节、光照等因素的影响较大,借助流形学习方法可以很好地消除这些因素给检索带来的影响。因此,我们设计了基于流形学习的地理图像检索方法。然而,受数据获取困难等情况影响,实验实例未能充分展示该方法的突出优点。

5 虚实融合视频地理环境

虚拟地理环境处理对象通常为大量不规则自然物体,受计算效率和交互自然性的影响,基于几何和数学模型的建模与绘制在这一领域的进一步应用受到了挑战。由于地理视频获取相对容易,表现更为丰富,如果能借助视觉技术恢复或者部分恢复其三维结构,构建虚实融合的视频地理环境,将会产生新型虚拟地理环境。本章将通过相关实例来充分展示这一思路。

5.1 虚实融合技术

将虚拟的物体合成到真实的场景中,虚实结合可以用更为经济的方法取得逼真的效果。虚实结合通常需要如下一些步骤。首先,需要进行摄像机的内外参数标定,并且恢复场景的三维结构。这样才能把虚拟物体放入真实场景中所期望的位置,从而保持虚拟物体能够与拍摄视频的运动变化吻合或一致。其次,除了几何位置的一致性外,还需要正确处理虚拟物体与真实场景的遮挡,以及光照的一致性问题。

要正确处理虚拟物体与真实场景的遮挡关系,往往需要借助分割或抠像技术。抠像技术是计算机视觉和图形学领域很重要的一个研究热点,经过多年的研究,出现了很多基于图像的抠像算法[133-134],以及基于视频的分割或抠像算法[27,135]。2001 年,Chuang[133] 等人提出了经典的基于 Bayesian 概率的抠像算法,每个像素通过在局部区域内进行前景和背景颜色的采样来计算其属于前景和背景的概率,然后计算出 Alpha 通道的值。后来出现的一些抠像算法[136-137]大多沿袭了这个框架。2006 年,Levin[138] 等人提出的算法则完全从另外一个角度切入,其基于颜色线性模型(Color Line Model)以及前景和背景颜色局部光滑的假设,将抠像问题构建成一个二次能量函数,从而可以解析求解。后来,Wang 和 Cohen[139] 采用了 Levin 等人提出的相关光滑因子,进一步设计出一个优化的颜色采样方法,以便更为鲁棒地进行抠像。

与基于图像的抠像技术的快速进展相比,基于视频的抠像研究进展则相对较为缓慢。目前交互的视频分割或抠像技术主要有基于关键帧的方法[125,140]和基于视频立方体的方法[135]。基于关键帧的方法通常是先在关键帧上进行交互地抠像,然后利用光流估计插值出中间帧的 Trimap 进行自动地抠像。然而,光流估计不是很可靠,所以对于稍微复杂的例子,就需要很多的关键帧和大量的交互。基于视频立方体的方法,通常假定拍摄的摄像机位置固定不变或做很缓慢的运动,这对很多应用来说局限性太大。对于视频虚实融合来说,一个高效的视频分层工具非常重要,它能够极大地提高效率,节省人力成本。可能是由于从视频或图像中恢复高质量的稠密深度比较困难,目前几乎所有的抠像技术都只利用了颜色信息,而忽略了对可用的深度信息的利用。显然,如果在优化能量函数中能进一步结合深度和运动信息,或许可以在一定程度上解决单纯依靠颜色信息带来的诸多不确定性问题。

高品质的虚实场景融合还要求虚拟物体与拍摄场景共享光照环境。真实场景的光照环境获取与识别可为虚拟物体提供可信的光照条件,该领域的相关问题近些年来才引起人们的广泛关注。一般可以采用对光照空间进行建模与采样的方法[29]。由于室外天气千变万化,如何确定其参数一般需要借助测量和交互方式进行,这使得其在应用上受到很大限制。采用 HDR 技术[141],使用镜面球能够采样并获取真实光照环境,然后用其照射虚拟物体以获得真实感的绘制效果[142]。但是,放置镜面球需要同时放置摄像机,使用起来有很大的局限性。Sato 等人[30]提出利用已知三维模型物体的阴影信息反求光照环境,可以近似求取光照的分布,但这对场景布置有较高的要求。

光照一致性还包括真实感的阴影合成。如果精确恢复了光照环境,固然可以通过重渲染技术来生成阴影。但如果虚拟物体是一个视频对象,也可以采用阴影抽取的方法[143-145]将原视频中的阴影迁移到合成的视频中。不过,多数的阴影抽取方法有很强的局限性,比如要求可控的光照条件[143],或者对摄像机、光照条件和阴影属性等有诸多限制[144]。另外,如果抽取的视频对象的光照方向与目标视频场景里的光照方向不符,那么其迁移过来的阴影也会与目标场景不符。

除了把虚拟物体加入视频场景中,有时候我们也希望把一些不想要的物体从视频场景中去除掉。这就需要借助物体去除和背景修复技术。现有的物体去除和修复技术有很多,有基于图像的方法[146-150],也有基于视频的方法[149-150]。单张图像如信息缺失,往往采用基于样本采样(Example-based)或纹理合成的方法进行修复和补全。其中,大部分的方法都是采用贪心算法的局部搜索策略,少部分方法基于全局求解策略[148]。通常,结构性的信息很难靠自动方法补好,所以一些方法采用交互方式来辅助结构信息的补全[147,151]。至于视频某一帧中缺失的信息,通常可以从其他帧中获得,所以多数采用基于运动估计[149-150]或深度恢复[151]的方法来进行视频序列的背景补全。如果摄像机位置固定只做纯旋转运动,那么可以通过拼接全景图的方式对齐各帧进而估计出背景,以去除运动物体[152];如果摄像机做自由移动,那么就要依靠稠密的深度恢复,根据恢复的深度将相邻帧的像素投影到当前帧,从而补全缺失的信息。而要想获得高品质的视频补全,则离不开高精度的稠密深度恢复。

除了视频对象的合成和去除,有时候根据实际应用需求,我们希望能对视频场景进行一定的修改,以增强其效果。固然,一些高端摄像机在拍摄的时候也可以做到景深效果,但却不能随意控制,拍摄完也不能修改。想要自如地产生景深和雾化等效果,通常需要运用昂贵的专用设备[153-154]来恢复高质量的深度,这其中也往往有着诸多局限性,比如室外远景就不适合采用激光扫描或主动光投影的方法来获取深度信息。因而,如果能基于立体视觉的方法恢复出高质量的深度,那么在实际应用中就会便利很多,局限性也相对较小。曾有研究者提出了一套切实可行的办法[28],本书受该工作的启发,试图将该技术应用于虚拟地理环境之中,构建虚实融合视频地理环境这一全新的地理信息呈现形式。

5.2 虚实融合视频地理环境实例

利用前面所介绍的摄像机跟踪和稠密深度恢复技术,对输入的一个或多个视频序列自动地恢复出摄像机参数和稠密深度图像,然后基于所恢复的稠密深度图像,可以高效地进行运动对象抽取和静态场景分层,从而实现视频虚实融合。

虚实融合视频中的虚拟物体既可以是人工创造的虚拟三

维模型,也可以是从某个真实拍摄的视频中抽取出来的视频对象。人工创造虚拟三维物体,做法相对来说更为直接,本书重点讨论人工创作的三维模型。因为在此种情况下,物体有精确的三维几何信息,而不再是用一系列视点相关的三维平面来近似表达。为了处理视频场景与虚拟物体的复杂遮挡和阴影投射关系,需要对视频场景进行三维模型重建。因为我们已经为每帧恢复了深度图像,所以可以根据这些深度图像融合出一个三维模型。这里固然可以采用一些基于点云的三维表面重建方法,不过在很多时候往往也可以采取如下简单做法:选择一个投影平面,挑选若干个关键帧,将这些帧的深度图像投射到这个参考平面上,然后对投射上去的点进行三角化以得到背景的三维模型。

在恢复了所需的视频场景的三维模型之后,借助真实感绘制技术可以将虚拟物体无缝加入目标视频里。依靠恢复的三维模型可以正确地处理遮挡关系。如果视频是在户外拍摄的,那么场景仅受太阳光和天空光照射。因此,可以采用前面提到的方法,通过选择视频场景中的两个具有阴影投射关系的三维点进行太阳光方向的估计。在估计出太阳光方向后,通过真实感的渲染技术,就可以将虚拟物体非常逼真地融入真实拍摄的视频当中。

本书为验证方法有效性,专门选择了试验区拍摄地理视频供实验之用。试验区位于河南省安阳地区西北部的太行山,临近晋豫两省的自然境界。豫北太行山属太行山系的南段,在漫长的地质历程中进行着频繁的构造运动,受构造断裂作用影响显著,使得太行山似一堵墙屹立于河南省的西北部,造成本地区地势自西北向东南呈梯级下降、绝壁林立、山势陡峭、峰岚叠嶂,海拔多在 1 000 m 左右,相对高度多在 100～500 m 之间,下部坡度较大,绝壁之上有平缓坡地等独特的地貌特征。太行山是一个以山地为主,兼有黄土丘陵、山间盆地分布的复合山地地貌。试验区地理位置位于东经 113.712 1～113.712 3 度,北纬 35.927～35.932 度,为东西向的大山谷,宽段南北距离约 50 m,窄段甚至相连。

在试验区内采集了视频之后,在室内利用原型系统,对上述数据进行了处理。由于视频采集路线受实际自然条件限制,拍摄角度以及拍摄质量多不尽如人意,特征点跟踪的准确度也受到了干扰,因而除利用本书算法和系统外,还需要有一定的人工干预。经过努力,基本恢复了试验区山谷视频的三维几何结构。由于拍摄当天为阴天,无明显光照,因此未对阴影进行处理。

实验结果参见图 5-1～图 5-6。其中,图 5-1 为实验视频中具有特征点的两帧图像,图 5-2 为特征点和摄像机轨迹的三维场景,图 5-3、图 5-4 为采用本书方法并经人工干预后恢复所得的三维模型,图 5-5 和图 5-6 是增加虚拟堤坝后的视频地理环境。

图 5-1　具有特征点的山谷地理视频截屏

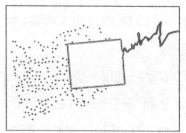

图 5-2　山谷地理视频特征点及
摄像机轨迹三维视图

图 5-3　山谷地理视频恢复所得
三维模型

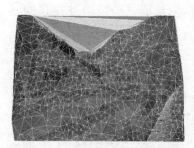

图 5-4　山谷地理视频恢复所
得带线框的三维模型

图 5-5　虚实融合的山谷地理
视频环境

扫码看彩图

扫码看彩图

图5-6 带线框的虚实融合的山
谷地理视频环境

5.3 本章小结

本章提出了虚实融合视频地理环境的完整思路,通过对试验区山谷视频的实验处理进行完整展示,恢复了其三维几何结构,并在其中构造了虚拟堤坝。上述工作为在虚实融合视频地理环境中的洪水、淤地坝等地理过程的仿真奠定了良好的基础。

6 总结和展望

6.1 总结

本书首先对虚拟地理环境、视频技术等相关工作研究现状进行了综述,剖析了该领域相关问题的难点所在,提出借助视频重建技术构建视频虚拟地理环境的总体研究思路,旨在通过将虚拟地理世界融入地理视频空间之中,进而建立高真实感的虚实融合模型和信息呈现方式。

其次,介绍了视频场景中地形地物三维深度信息的恢复方法,并围绕特征点自动提取和匹配、摄像机定位和内方位元素反演,以及基于集束优化的深度信息重建方法进行了研究,且给出了切实可行的方法。

再次,针对世界坐标获取、场景地物分割、梯田这一特殊地物的恢复进行了深入研究,给出了具体实现方法,并进行了实例验证。

然后,提出了基于图像检索的视频场景地理位置定位方法,针对高维数据维数祸根提出了基于流形学习的检索新方法,并给出了具体检索实例。

最后,利用本书所提出的相关方法构建了虚实融合视频地理环境实例。

6.2 展望

本书提出了虚实融合视频地理环境的原理框架,对相关关键技术进行了深入探讨,并提出了切实可行的方法。但是,地理环境视频较为复杂,数据采集受限严重,视频质量参差不齐,特别是往往占据大部分的远景视频影像。这些都需要研究者和应用者进一步深入探讨方法和模型的抗干扰能力,并对特征点误差的敏感性进行分析。本书所提出的方法涉及大量非线性优化内容,在非线性优化中寻找合适的初始值是本研究的重点。因此,有待进一步探讨在部分参数已知或人工干预情况下的参数受约束的视频深度高精度恢复方法。

参考文献

[1] 鲍虎军.虚拟现实技术概论[J].中国基础科学,2003,5(3):26-32.

[2] 朱庆,林珲.数码城市地理信息系统:虚拟城市环境中的三维城市模型初探[M].武汉:武汉大学出版社,2004.

[3] 朱军.虚拟地理环境中基于多 Agent 的数据和计算协同研究[D].北京:中国科学院研究生院(遥感应用研究所),2006.

[4] 吴娴.网格虚拟地理环境及其关键技术研究[D].大连:大连海事大学,2007.

[5] 陶闯,林宗坚,卢健.分形地形模拟[J].计算机辅助设计与图形学学报,1996,8(3):178-186.

[6] Hoppe H.Progressive meshes[C]//Proceedings of the 23rd annual conference on Computer graphics and interactive techniques-SIGGRAPH'96.New York:ACM Press,1996:99-108.

[7] 张淮声,华炜,王青,鲍虎军.层次深度拼图集:一种新的树

木快速绘制方法[J].中国图像图形学报,2004,9(10):1216-1222.

[8] 龚建华,李文航,周洁萍.虚拟地理实验原理与应用初探[J].地理信息科学和地理,2009(1):16-20.

[9] 肖蓓,湛邵斌,尹楠.浅谈 GIS 的发展历程与趋势[J].地理空间信息,2007,5(5):56-60.

[10] Breunig M,Bode T,Cremers A B.Implementation of Elementary Geometric Database Operations of a 3d-Gis[C]//Advances in GIS Researeh:Proceeding of the 6th International Symposium on Spatial Data Handling.1994:604-617.

[11] Scott M S. The Extension of Cartographic Modeling for Volumetric Geographic Analysis[EB/OL]http://www.cla. se. edu/geog/geogdocs/departdocs/stddocs/mscott.html.

[12] 苗放,叶成名,刘瑞,等.新一代数字地球平台与"数字中国"技术体系架构探讨[J].测绘科学,2007,32(6):157-158.

[13] 李德仁,黄俊华,邵振峰.面向服务的数字城市共享平台框架的设计与实现[J].武汉大学学报·信息科学版,2008,33(9):881-885.

[14] 刘学军,闾国年,吴勇.侧面看世界:视频 GIS 框架综述

[C]//GIS 理论与方法专业委员会 2007 年学术研讨会暨第 2 届地理元胞自动机和应用研讨会,中国地理信息系统协会,广州,2007:205-210.

[15] 孔云峰.一个公路视频 GIS 的设计与实现[J].公路,2007,52(1):118-121.

[16] Berry J K.Capture"Where"and"When"on Video-Based Gis[J].GEO World,2000(9):26-27.

[17] 唐冰,周美玉.基于视频图像的既有线路地理信息系统[J].铁路计算机应用,2001,10(11):31-33.

[18] Joo I H, Hwang T H, Choi K H.Generation of video metadata supporting video-GIS integration[J].2004 International Conference on Image Processing, 2004, 3:1695-1698.

[19] 章国锋,秦学英,董子龙,等.面向增强视频的基于结构和运动恢复的摄像机定标[J].计算机学报,2006,29(12):2104-2111.

[20] 李晓明,郑链,胡占义.基于 SIFT 特征的遥感影像自动配准[J].遥感学报,2006,10(6):885-892.

[21] Zitová B, Flusser J.Image registration methods:A survey[J].Image and Vision Computing, 2003, 21(11):977-1000.

[22] Lowe D G.Distinctive image features from scale-invariant keypoints[J].International Journal of Computer Vision,

2004, 60(2):91 - 110.

[23] Mikolajczyk K, Schmid C.A performance evaluation of local descriptors [J]. IEEE Transactions on Pattern Analysis and Machine Intelligence, 2005, 27(10):1615 - 1630.

[24] Lourakis M, Argyros A.The design and implementation of a generic sparse bundle adjustment software package based on the Levenberg-Marquardt algorithm[R]Institute of Computer Science FORTH: Heraklion, Greece, 2004: 340 - 348.

[25] Li Y, Sun J, Shum H Y.Video object cut and paste[J]. ACM Transactions on Graphics, 2005, 24(3):595 - 600.

[26] Hoch M, Litwinowicz P C.A semi-automatic system for edge tracking with snakes[J]. The Visual Computer, 1996, 12(2):75 - 83.

[27] Agarwala A, Hertzmann A, Salesin D H, et al. Keyframe-based tracking for rotoscoping and animation[J]. ACM Transactions on Graphics, 2004, 23(3): 584 - 591.

[28] 章国锋.视频场景的重建与增强处理[D].杭州:浙江大学, 2009.

[29] Nakamae E, Harada K, Ishizaki T, et al. A montage

method: The overlaying of the computer generated images onto a background photograph[J]. ACM SIGGRAPH Computer Graphics, 1986, 20(4): 207 - 214.

[30] Sato I, Sato Y, Ikeuchi K. Illumination distribution from brightness in shadows: Adaptive estimation of illumination distribution with unknown reflectance properties in shadow regions[C]//Proceedings of the Seventh IEEE International Conference on Computer Vision. Kerkyra, Greece, 1999: 875 - 882.

[31] Scharstein D, Szeliski R, Zabih R. A taxonomy and evaluation of dense two-frame stereo correspondence algorithms[C]//Proceedings IEEE Workshop on Stereo and Multi-Baseline Vision (SMBV 2001), 2001: 131 - 140.

[32] Sun J, Li Y, Kang S B, et al. Symmetric stereo matching for occlusion handling [C]//2005 IEEE Computer Society Conference on Computer Vision and Pattern Recognition. San Diego, CA, USA, 2005: 399 - 406.

[33] Yang Q X, Wang L, Yang R G, et al. Stereo matching with color-weighted correlation, hierarchical belief propagation, and occlusion handling[J]. IEEE Transactions on Pattern Analysis and Machine Intelligence, 2009, 31

(3):492 - 504.

[34] Sun J, Zheng N N, Shum H Y. Stereo matching using belief propagation [J]. IEEE Transactions on Pattern Analysis and Machine Intelligence, 2003, 25(7): 787 - 800.

[35] Felzenszwalb P F, Huttenlocher D P. Efficient belief propagation for early vision[J]. International Journal of Computer Vision, 2006, 70(1): 41 - 54.

[36] Boykov Y, Veksler O, Zabih R. Fast approximate energy minimization via graph cuts[J]. IEEE Transactions on Pattern Analysis and Machine Intelligence, 2001, 23 (11): 1222 - 1239.

[37] Okutomi M, Kanade T. A multiple-baseline stereo[J]. IEEE Transactions on Pattern Analysis and Machine Intelligence, 1993, 15(4): 353 - 363.

[38] Collins R T. A space-sweep approach to true multi-image matching [C]//Proceedings CVPR IEEE Computer Society Conference on Computer Vision and Pattern Recognition. San Francisco, CA, USA, 1996: 358 - 363.

[39] Zitnick C L, Kang S B. Stereo for image-based rendering using image over-segmentation[J]. International Journal of Computer Vision, 2007, 75(1): 49 - 65.

[40] Seitz S M, Curless B, Diebel J, et al. A comparison and evaluation of multi-view stereo reconstruction algorithms [C]//2006 IEEE Computer Society Conference on Computer Vision and Pattern Recognition. New York, NY, USA, 2006:519 – 528.

[41] Vogiatzis G, Torr P H S, Cipolla R. Multi-view stereo via volumetric graph-cuts [C]//2005 IEEE Computer Society Conference on Computer Vision and Pattern Recognition. San Diego, CA, USA, 2005:391 – 398.

[42] Faugeras O, Keriven R. Variational principles, surface evolution, PDE's, level set methods, and the stereo problem[J]. IEEE Transactions on Image Processing: a Publication of the IEEE Signal Processing Society, 1998,7(3):336 – 344.

[43] Zaharescu A, Boyer E, Horaud R. TransforMesh: A topology-adaptive mesh-based approach to surface evolution[C]//Computer Vision – ACCV 2007, 2007 (2):166 – 175.

[44] Laurentini A. The visual hull concept for silhouette-based image understanding[J]. IEEE Transactions on Pattern Analysis and Machine Intelligence, 1994, 16(2): 150 – 162.

[45] Strecha C, Fransens R, van Gool L. Combined depth and outlier estimation in multi-view stereo[C]//2006 IEEE Computer Society Conference on Computer Vision and Pattern Recognition. New York, NY, USA, 2006: 2394 - 2401.

[46] Bradley D, Boubekeur T, Heidrich W. Accurate multi-view reconstruction using robust binocular stereo and surface meshing [C]// 2008 IEEE Conference on Computer Vision and Pattern Recognition, Anchorage, AK, USA, 2008: 1 - 8.

[47] Kazhdan M M. Reconstruction of Solid Models from Oriented Point Sets [J]. The Third Eurographics Symposium on Geometry Processing, Vienna, Austria, July4-6, 2005: 73 - 82.

[48] Kazhdan M M, Bolitho M, Hoppe H. Poisson Surface Reconstruction[J]. The fourth Eurographics Symposium on Geometry Processing, Cagliari, Sardinia, Italy, 2006: 61 - 70.

[49] Merrell P, Akbarzadeh A, Wang L, et al. Real-time visibility-based fusion of depth maps[J]. 2007 IEEE 11th International Conference on Computer Vision, 2007: 1 - 8.

[50] Zach C, Pock T, Bischof H.A globally optimal algorithm for robust TV-L1 range image integration [J]. 2007 IEEE 11th International Conference on Computer Vision, 2007:1 - 8.

[51] Hong L, Chen G. Segment-based stereo matching using graph cuts[C]//Proceedings of the 2004 IEEE Computer Society Conference on Computer Vision and Pattern Recognition, 2004. CVPR 2004. Washington, DC, USA, 2004:74 - 81.

[52] Comaniciu D, Meer P. Mean shift: A robust approach toward feature space analysis[J]. IEEE Transactions on Pattern Analysis and Machine Intelligence, 2002, 24(5): 603 - 619.

[53] Kang S B, Szeliski R, Chai J X. Handling occlusions in dense multi-view stereo[C]//Proceedings of the 2001 IEEE Computer Society Conference on Computer Vision and Pattern Recognition. Kauai, USA, 2001:103 - 110.

[54] Gargallo P, Sturm P. Bayesian 3D modeling from images using multiple depth maps[C]//2005 IEEE Computer Society Conference on Computer Vision and Pattern Recognition. San Diego, CA, USA, 2005:885 - 891.

[55] Kang S B, Szeliski R. Extracting view-dependent depth maps from a collection of images [J]. International Journal of Computer Vision, 2004, 58(2):139 - 163.

[56] Larsen E S, Mordohai P, Pollefeys M, et al. Temporally consistent reconstruction from multiple video streams using enhanced belief propagation[C]//2007 IEEE 11th International Conference on Computer Vision. Rio de Janeiro, Brazil, 2007:1 - 8.

[57] Fischler M A, Bolles R C. A paradigm for model fitting with applications to image analysis and automated cartography[J]. Communications of the ACM - CACM, 1987, 24(6):381 - 395.

[58] Harris C, Stephens M. A combined corner and edge detector[C]//Proceedings of the Alvey Vision Conference 1988. Manchester. Alvey Vision Club, 1988:147 - 151.

[59] Lucas B D, Kanade T. An iterative image registration technique with an application to stereo vision [J]. International Joint Conference On Artificial Intelligence, 1981:674 - 679.

[60] Shi J, Tomasi C. Good features to track[C]//1994 IEEE Computer Society Conference on Computer Vision and

Pattern Recognition, Seattle, Washington, 1994: 593 - 600.

[61] Winder S A J, Brown M. Learning local image descriptors[C]//2007 IEEE Conference on Computer Vision and Pattern Recognition. Minneapolis, MN, USA, 2007:1 - 8.

[62] Zhang Z Y. Determining the epipolar geometry and its uncertainty: A review [J]. International Journal of Computer Vision, 1998, 27:161 - 195.

[63] FitzgibbonA, Zisserman A. Automatic Camera Tracking [M]. Kluwer Academic Publishers, 2003.

[64] Triggs B, Mclauchlan P F, Hartley R I, et al. Bundle adjustment-A modern synthesis [J]. Workshop on Vision Algorithms, 1999:298 - 372.

[65] Kato H, Billinghurst M. Marker tracking and HMD calibration for a video-based augmented reality conferencing system [J]. Proceedings 2nd IEEE and ACM International Workshop on Augmented Reality (IWAR'99), 1999:85 - 94.

[66] Alon J, Sclaroff S. Recursive estimation of motion and planar structure[C]//2000 Proceedings IEEE Conference on Computer Vision and Pattern Recognition. Hilton

Head, SC, USA.2000:550 - 556.

[67] Hartley R I.Self-calibration from multiple views with a rotating camera [C]//Computer Vision—ECCV'94, 1994:471 - 478.

[68] Avidan S, Shashua A. Threading fundamental matrices [C]//Computer Vision—ECCV'98, 5th European Conference on Computer Vision, Freiburg, Germany, June 2-6, 1998:124 - 140.

[69] Triggs B. Autocalibration and the absolute quadric [C]//1994 IEEE Computer Society Conference on Computer Vision and Pattern Recognition, San Juan, Puerto Rico, 1997:609 - 614.

[70] Faugeras O D, Luong Q T, Maybank S J.Camera self-calibration: Theory and experiments [C]//Computer Vision—ECCV'92, 1992:321 - 334.

[71] Pollefeys M, van Gool L, Vergauwen M, et al. Visual modeling with a hand-held camera [J]. International Journal of Computer Vision, 2004, 59(3):207 - 232.

[72] Repko J, Pollefeys M. 3D models from extended uncalibrated video sequences: Addressing key-frame selection and projective drift[C]//Fifth International Conference on 3-D Digital Imaging and Modeling, 2005:

150 - 157.

[73] Thormählen T, Broszio H, Weissenfeld A. Keyframe selection for camera motion and structure estimation from multiple views[C]//Computer Vision-ECCV 2004, 2004:523 - 535.

[74] Hartley R, Zisserman A. Multiple View Geometry in Computer Vision[M]. Cambridge: Cambridge University Press, 2004.

[75] Fua P. A parallel stereo algorithm that produces dense depth maps and preserves image features[J]. Machine Vision and Applications, 1993, 6(1):35 - 49.

[76] Bobick A F, Intille S S. Large occlusion stereo[J]. International Journal of Computer Vision, 1999, 33(3): 181 - 200.

[77] Tao H, Sawhney H S, Kumar R. A global matching framework for stereo computation [C]//Proceedings Eighth IEEE International Conference on Computer Vision. ICCV 2001. Vancouver, BC, Canada, 2001:532 - 539.

[78] Cheng H D, Jiang X H, Sun Y, et al. Color image segmentation: Advances and prospects [J]. Pattern Recognition, 2001, 34(12):2259 - 2281.

[79] Luccheseyz L, Mitray S. Color image segmentation: a state-of-the-art survey [J]. Proceedings of the Indian National Science Academy(INSA-A), 2001, 67(2):207 – 221.

[80] Tremeau A, Borel N. A region growing and merging algorithm to color segmentation [J]. Pattern Recognition, 1997, 30(7):1191 – 1203.

[81] Deng Y, Manjunath B S. Unsupervised segmentation of color-texture regions in images and video [J]. IEEE Transactions on Pattern Analysis and Machine Intelligence, 2001, 23(8):800 – 810.

[82] Wang Y Z, Yang J, Peng N S. Unsupervised color-texture segmentation based on soft criterion with adaptive mean-shift clustering [J]. Pattern Recognition Letters, 2006, 27(5):386 – 392.

[83] Kass M, Witkin A, Terzopoulos D. Snakes: active contour models [J]. International Journal of Computer Vision, 1988, 1(4):321 – 331.

[84] Comaniciu D, Ramesh V, Meer P. Real-time tracking of non-rigid objects using mean shift [C]//Proceedings IEEE Conference on Computer Vision and Pattern Recognition. Hilton Head, SC, USA, 2000:142 – 149.

[85] Fukunaga K, Hostetler L. The estimation of the gradient of a density function, with applications in pattern recognition [J]. IEEE Transactions on Information Theory, 1975, 21(1): 32 - 40.

[86] Cheng Y Z. Mean shift, mode seeking, and clustering[J]. IEEE Transactions on Pattern Analysis and Machine Intelligence, 1995, 17(8): 790 - 799.

[87] Lee I K. Curve reconstruction from unorganized points [J]. Computer Aided Geometric Design, 2000, 17(2): 161 - 177.

[88] Daniels J I, Ha L K, Ochotta T, et al. Robust smooth feature extraction from point clouds[C]//IEEE International Conference on Shape Modeling and Applications 2007. Minneapolis, MN, USA, 2007: 123 - 136.

[89] Swain M J, Ballard D H. Color indexing[J]. International Journal of Computer Vision, 1991, 7(1): 11 - 32.

[90] Niblack C W, Barber R, Equitz W, et al. QBIC project: querying images by content, using color, texture, and shape[C]//SPIE Storage and Retrieval for Image and Video Databases, 1993, 1908: 173 - 187.

[91] Rubner Y, Tomasi C, Guibas L J. A metric for distributions with applications to image databases [J]. Sixth

International Conference on Computer Vision, 1998:
59 - 66.

[92] Mehtre B M, Kankanhalli M S, Narasimhalu A D, et al.
Color matching for image retrieval[J].Pattern Recogni-
tion Letters, 1995, 16(3):325 - 331.

[93] Kankanhalli M S, Mehtre B M, Wu R K.Cluster-based
color matching for image retrieval[J].Pattern Recogni-
tion, 1996, 29(4):701 - 708.

[94] 刘忠伟,章毓晋.利用局部累加直方图进行彩色图像检索
[J].中国图像图形学报,1998,3(7):533 - 537.

[95] 伯晓晨,刘建平.基于颜色直方图的图像检索[J].中国图
像图形学报,1999,4(1):33 - 37.

[96] 柳伟,李国辉,曹莉华.一种基于内容的图像检索方法的
实现[J].中国图像图形学报,1998,3(4):304 - 307.

[97] 曹莉华,柳伟,李国辉.基于多种主色调的图像检索算法
研究与实现[J].计算机研究与发展,1999,36(1):96 -
100.

[98] Zhang L, Lin F Z, Zhang B.A CBIR method based on
color-spatial feature [C]//IEEE Region 10 Annual
International Conference.Cheju Island, South Korea,
1999:166 - 169.

[99] 李向阳,鲁东明,潘云鹤.基于色彩的图像数据库检索方

法的研究[J].计算机研究与发展,1999,36(3):359 - 363.

[100] Smith J R, Chang S F. Single color extraction and image query[C]//Proceedings of the International Conference on Image Processing. Washington, DC, USA,1995:528 - 531.

[101] Smith J R, Chang S F. Tools and techniques for color image retrieval[C]//SPIE Storage and Retrieval for Still Image and Video Databases IV, 1996, 2670:426 - 437.

[102] Stricker M A, Orengo M. Similarity of color images [C]//SPIE Storage and Retrieval for Image and Video Databases III, 1995, 2420:381 - 392.

[103] Pass G, Zabih R, Miller J. Comparing images using color coherence vectors[C]//Proceedings of the fourth ACM international conference on Multimedia. November18 - 22, 1996. Boston, Massachusetts, USA. New York: ACM Press, 1996.

[104] Huang J, Kumar S R, Mitra M. Combining supervised learning with color correlograms for content-based image retrieval[C]//Proceedings of the fifth ACM international conference on Multimedia- MULTIME-

DIA'97. November 9 – 13, 1997. Seattle, Washington, USA. New York: ACM Press, 1997: 325 – 334.

[105] Huang J, Kumar S R, Mitra M, et al. Image indexing using color correlograms[C]//Proceedings of IEEE Computer Society Conference on Computer Vision and Pattern Recognition. San Juan, Puerto Rico, USA, 1997: 762 – 768.

[106] Haralick R M, Shanmugam K, Dinstein I. Textural features for image classification[J]. IEEE Transactions on Systems, Man and Cybernetics, 1973(6): 610 – 621.

[107] Tamura H, Mori S J, Yamawaki T. Textural features corresponding to visual perception[J]. IEEE Transactions on Systems, Man, and Cybernetics, 1978, 8(6): 460 – 473.

[108] Rui Y, Huang T S, Ortega M, et al. Relevance feedback: A power tool for interactive content-based image retrieval[J]. IEEE Transactions on Circuits and Systems for Video Technology, 1998, 8(5): 644 – 655.

[109] Pentland A P. Fractal-based description of natural scenes[J]. IEEE Transactions on Pattern Analysis and Machine Intelligence, 1984, PAMI – 6(6): 661 – 674.

[110] Mao J C, Jain A K. Texture classification and segmen-

tation using multiresolution simultaneous autoregressive models[J]. Pattern Recognition, 1992, 25 (2): 173 - 188.

[111] Liu F, Picard R W. Periodicity, directionality, and randomness: Wold features for image modeling and retrieval[J]. IEEE Transactions on Pattern Analysis and Machine Intelligence, 1996, 18(7):722 - 733.

[112] Manjunath B S, Ma W Y. Texture features for browsing and retrieval of image data[J]. IEEE Transactions on Pattern Analysis and Machine Intelligence, 1996,18(8):837 - 842.

[113] Chang T, Kuo C C J. Texture analysis and classification with tree-structured wavelet transform [J]. IEEE Transactions on Image Processing, 1993, 2 (4): 429 - 441.

[114] Donoho D L. High-dimensional data analysis: The curses and blessings of Dimensionality [C]//International Congress of Mathematicians, Paris, 2000.

[115] Lee C, Landgrebe D A. Analyzing high-dimensional multispectral data [J]. IEEE Transactions on Geoscience and Remote Sensing, 1993, 31(4):792 - 800.

[116] Carreira-Perpinan M A. A Review of Dimension

Reduction Techniques [R/OL]. http://www. doc88. com/p-9915179072619.html.

[117] Seung H S, Lee D D.The manifold ways of perception [J].Science, 2000, 290(5500):2268 – 2269.

[118] Tenenbaum J B, de Silva V, Langford J C. A global geometric framework for nonlinear dimensionality reduction[J]. Science, 2000, 290(5500):2319 – 2323.

[119] Roweis S T, Saul L K. Nonlinear dimensionality reduction by locally linear embedding [J]. Science, 2000, 290(5500):2323 – 2326.

[120] Belkin M, Niyogi P. Laplacian eigenmaps for dimensionality reduction and data representation[J].Neural Computation, 2003, 15(6):1373 – 1396.

[121] Zhang Z Y, Zha H Y.Principal manifolds and nonlinear dimensionality reduction via tangent space alignment [J].SIAM Journal on Scientific Computing, 2004, 26 (1):313 – 338.

[122] Donoho D L, Grimes C. Hessian eigenmaps: Locally linear embedding techniques for high-dimensional data [J].Proceedings of the National Academy of Sciences of the United States of America, 2003, 100(10):5591 – 5596.

[123] Coifman R R, Lafon S, Lee A B, et al. Geometric diffusions as a tool for harmonic analysis and structure definition of data: Diffusion maps[J]. Proceedings of the National Academy of Sciences of the United States of America, 2005, 102(21): 7426 - 7431.

[124] Cai D, He X F, Han J W. sometric projection[C]// AAAI Conference on Artificial Intelligence. Vaneou-ver, 2007: 528 - 533.

[125] Chen H T, Chang H W, Liu T L. Local discriminant embedding and its variants[C]//2005 IEEE Computer Society Conference on Computer Vision and Pattern Recognition. San Diego, CA, USA, 2005: 846 - 853.

[126] Yang J, Zhang D, Yang J Y, et al. Globally maximizing, locally minimizing: Unsupervised discriminant projection with applications to face and palm biometrics[J]. IEEE Transactions on Pattern Analysis and Machine Intelligence, 2007, 29(4): 650 - 664.

[127] 李勇周. 人脸识别中基于流形学习的子空间特征提取方法研究[D]. 长沙: 中南大学, 2009.

[128] Silva V D, Tenenbaum J B. Global versus local methods in nonlinear dimensionality reduction [J]. Neural Information Processing Systems: Natural and Synth-

etic,2003:28 - 41.

[129] Pettis K W, Bailey T A, Jain A K, et al. An intrinsic dimensionality estimator from near-neighbor information[J]. IEEE Transactions on Pattern Analysis and Machine Intelligence,1979,1(1):25 - 37.

[130] Camastra F, Vinciarelli A. Estimating the intrinsic dimension of data with a fractal-based method[J]. IEEE Transactions on Pattern Analysis and Machine Intelligence,2002,24(10):1404 - 1407.

[131] Kegl B B. Intrinsic Dimension Estimation Using Packing Numbers in Neural Information Processing Systems[M]Vancouver:MIT Press,2002.

[132] Costa J A, Hero A O. Geodesic entropic graphs for dimension and entropy estimation in manifold learning [J].IEEE Transactions on Signal Processing,2004,52 (8):2210 - 2221.

[133] Chuang Y Y,Curless B, Salesin D H, et al.A Bayesian approach to digital matting[C]//2001 IEEE Computer Society Conference on Computer Vision and Pattern Recognition.Kauai, USA,2001:264 - 271.

[134] Bai X, Sapiro G. A geodesic framework for fast interactive image and video segmentation and matting

[J]. 2007 IEEE 11th International Conference on Computer Vision, 2007:1 - 8.

[135] Wang J, Bhat P, Colburn R A, et al. Interactive video cutout[J]. ACM Transactions on Graphics, 2005, 24 (3):585 - 594.

[136] Li Y, Sun J, Tang C K, et al. Lazy snapping[J]. ACM Transactions on Graphics, 2004, 23(3):303 - 308.

[137] Rother C, Kolmogorov V, Blake A. GrabCut[J]. ACM Transactions on Graphics, 2004, 23(3):309 - 314.

[138] Levin A, Lischinski D, Weiss Y. A closed form solution to natural image matting[C]//2006 IEEE Computer Society Conference on Computer Vision and Pattern Recognition. New York, NY, USA, 2006:61 - 68.

[139] Wang J, Cohen M F. Optimized color sampling for robust matting [C]//2007 IEEE Conference on Computer Vision and Pattern Recognition. Minneapolis, MN, USA, 2007:1 - 8.

[140] Chuang Y Y, Agarwala A, Curless B, et al. Video matting of complex scenes[J]. ACM Transactions on Graphics, 2002, 21(3):243 - 248.

[141] Debevec P E, Malik J. Recovering high dynamic range radiance maps from photographs[C]// ACM SIGGR-

APH, 1997:369 - 378.

[142] Debevec P E. Rendering synthetic objects into real scenes: Bridging traditional and image-based graphics with global illumination and high dynamic range photography[C]//ACM SIGGRAPH, 1998:189 - 198.

[143] Chuang Y Y, Goldman D B, Curless B, et al. Shadow matting and compositing [J]. ACM Transactions on Graphics, 2003, 22(3):494 - 500.

[144] Finlayson G D, Hordley S D, Lu C, et al. On the removal of shadows from images[J]. IEEE Transactions on Pattern Analysis and Machine Intelligence, 2006, 28 (1):59 - 68.

[145] Wu TP, Tang C K, Brown M S, et al. Natural shadow matting[J]. ACM Transactions on Graphics, 2007, 26 (2):8.

[146] Bertalmio M, Sapiro G, Caselles V, et al. Image inpainting[C]//Proceedings of the 27th annual conference on Computer graphics and interactive techniques. New York: ACM Press, 2000:417 - 424.

[147] Sun J, Yuan L, Jia J Y, et al. Image completion with structure propagation[J]. ACM Transactions on Graphics, 2005, 24(3):861 - 868.

[148] Komodakis N.Image completion using global optimization[C]//2006 IEEE Computer Society Conference on Computer Vision and Pattern Recognition.New York, NY, USA, 2006:442 - 452.

[149] Matsushita Y, Ofek E, Ge W N, et al. Full-frame video stabilization with motion inpainting[J]. 2006 IEEE Transactions on Pattern Analysis and Machine Intelligence, 2006, 28(7):1150 - 1163.

[150] Shiratori T, Matsushita Y, Tang X O, et al. Video completion by motion field transfer[C]//2006 IEEE Computer Society Conference on Computer Vision and Pattern Recognition. New York, NY, USA, 2006:411 - 418.

[151] Arnold T, Morse B S. Interactive image repair with assisted structure and texture completion[C]//2007 IEEE Workshop on Applications of Computer Vision (WACV'07), Austin, TX, USA, 2007:11.

[152] Agarwala A, Dontcheva M, Agrawala M, et al. Interactive digital photomontage[J]. ACM Transactions on Graphics, 2004, 23(3):294 - 302.

[153] Moreno-Noguer F, Belhumeur P N, Nayar S K. Active refocusing of images and videos[J].ACM Transactions

on Graphics, 2007, 26(3):67.

[154] Strecha C, von Hansen W, van Gool L, et al. On benchmarking camera calibration and multi-view stereo for high resolution imagery [C]//. 2008 IEEE Computer Society Conference on Computer Vision and Pattern Recognition, 2008:1 - 8.